U0288709

你改变不了中国，
中国改变你

YOU CAN'T CHANGE CHINA,
CHINA CHANGES YOU

——一个荷兰建筑师的中国工作手记

〔荷〕约翰·范德沃特（John van de Water）著　蒋晓飞 译

山东画报出版社

N ederlands
N letterenfonds
dutch foundation
for literature

The publisher gratefully acknowledges the
support of the Dutch Foundation for Literature.

山东画报出版社衷心感谢荷兰文学基金会
对本书中文版的支持。

目　录

Contents

译序　/ 001

前言　/ 001

一　直觉　/ 001

　　青岛　/ 003

　　你怎样开始一个设计　/ 017

　　大都市图像　/ 021

　　1%　/ 026

　　中国，中国，中国　/ 031

　　香港、深圳、广州、上海和北京　/ 038

　　阿姆斯特丹　/ 045

　　新家　/ 048

　　四个月之内动工！　/ 052

　　天空没有界线　/ 059

二　对话　/ 063

　　支柱　/ 065

　　新同事　/ 066

调查问卷 / 069

马斯洛 / 073

维多利亚 / 077

面子！ / 079

调整 / 085

中国的本质 / 092

风水 / 096

良心 / 101

世界上最古老的文明 / 106

孔子 / 110

新鲜的空气、尘土和蚊子 / 114

客户想要什么？！ / 123

客户还是用户 / 128

会见要人 / 132

远见 / 136

建筑师就像搜索引擎 / 141

时间和空间 / 144

你改变不了中国，中国改变你 / 146

事关存亡的挑战 / 151

三 自由 / 153

屈服 / 155

"既现代又国际" / 158

更好地观察 / 162

聪明的家伙 / 165

分化 / 169

屈服 / 174

西方人的良心 / 179

中国的条件　／ 183

四　协同　／ 187

　　"同床异梦"　／ 189

　　最小公倍数　／ 193

　　吃金子的老鼠　／ 198

　　合理的风水　／ 230

　　绿色建筑　／ 234

　　未知领域　／ 237

　　我爱中国　／ 240

五　愿景　／ 249

　　从内部　／ 251

　　跨过界线　／ 256

　　中体西用　／ 263

　　重叠　／ 267

　　尽管——或者因为……　／ 270

　　助长不确定性　／ 282

　　规定 VS 未规定　／ 285

　　现代国际标志性建筑　／ 289

六　反思　／ 293

　　被模仿说明你正在成为一名大师　／ 295

　　改变　／ 298

　　建筑师的能力范围　／ 302

　　一步一个脚印　／ 305

　　大于 100 万平米　／ 307

　　电影，而不是图片　／ 311

返回中国之路 / 314

理性与非理性 / 318

后记 / 323

阿姆斯特丹 NEXT 建筑师事务所，2010 年 / 325

HY，2009 年 / 327

NEXT 建筑师事务所（北京），2009 年 / 328

你不能拔苗助长 / 330

鸣谢 / 337

译　序
Foreword

中国近乎一枝独秀式的崛起，吸引了世界上众多有抱负的建筑师的注意力。中国快速的城市化进程让每个城市都因缺乏自身的特点而高度相似。但随着城市的发展，树立每个城市独特的识别性变得越来越重要。作为最直白的表达城市特征的建筑乃至城市规划就显得相当重要。这就给了所有有理想的建筑师以实现理想的机会，其中就包括众多的国外建筑师。于是更多的外国建筑师想要到中国找找机会。

但是让所有外国建筑师感到头痛的除了语言之外，更大的是来自东西方巨大的文化差异。约翰·范德沃特先生在中国工作了九年，经历了从模糊喜爱到深深融入中国的过程。有心的他将这些年中与其建筑实践相关的事情做了详细记录。在以出版学术性书籍著称的010出版商的盛情邀请之下，约翰·范德沃特先生将这些记录进行串联，全面展示了一个外国建筑师在中国从事建筑设计的心路历程。这本书以英语和荷兰语两种版本全球发行，受到很多已经在中国或者想要到中国的外国建筑师的青睐，同时也受到众多非建筑专业人士的关注。

想要说的是，之所以我一直努力推动该书中文版的出版，是因为我觉得这本书对我们中国建筑师来讲应该是个极有意思的思想补充。该书以细致的笔触去描写我们似曾相识的场景，以另外一个视角去告诉我们一个外国人的微妙感受与思想波动。书中所述内容所跨越的年头正好与中国房地产业的发展历程相重合，包含房地产业的初期阶段、持续增长阶段、金融危机的低迷与之后的爆发性反弹阶段。约翰·范德沃特入微的描写，让你能真切地感受到在社会飞速发展的状态下建筑师的生存状态。书中屡屡出现的黑色幽默及超越建筑学科本身的内容，很容易激发你的共鸣与思考。

最后想表达一下对约翰·范德沃特先生的敬意。我见证了他完成这本书的整个过程：在两年多的时间内，无论如何忙碌，每天总有一定的时间留给这本书，对主要以图形表达为主的建筑师来讲，完成这样一个工作需要极大的耐心，这种耐心体现在持续地记录工作中的点滴及书籍从策划到出版的整个过程。这本书的文字厚度体现着约翰·范德沃特先生对职业的热忱与执著，同时也体现着他人生态度的坦然与淡定。这份坦然与淡定也许是现在多数建筑师所缺乏的，当然也包括我。

"有书大富贵，无事小神仙。"有限的闲暇时光翻翻这本书，肯定是件快乐的事情。

蒋晓飞

前　言
Preface

"但是……你从哪里起步的？"

鹿特丹，荷兰建筑学院，2008 年

"到底是什么秘诀？"一位荷兰建筑师不耐烦地看着我问道，紧接着他以同样的语气继续追问，"NEXT 是怎样在中国完成这么多建筑的？！"

在做《关于中国建筑的可能性》的演讲之前，我已经和他见过面。我还没来得及说出问题的答案，他就大声地一语点出了我这次演讲的核心："中国的建筑……风险和机遇并存！"

我笑着回答："没有什么秘诀。"我接下来的回答显然让他很失望："也没有指南或诸如指南之类的东西。"

"但是……你是从哪里起步的呢？也就是说你作为一名西方建筑师，怎样在中国进行设计？"

我陷入了沉思，并在脑海里寻找问题的答案。

然后我大声说道："我从自己身上找到了起点。"

《你改变不了中国，中国改变你》讲述的正是这一观点背后的故事。此书并不想成为一本指南，它只是描述一个西方人在中国探索一门建筑学，一门在现代中国社会状况下发展起来的，并嵌入了中国价值观的建筑学。它是对由中国人创造并在中国产生的建筑学的一种探索，这个探索将会极大地改变我以及我对建筑学的看法。

一　直觉

Intuition

青 岛

2004 年 10 月早上七点整，这是我来北京的第一周。此时，电话响起。

"嗨，约翰。你好吗？我是周，你有空吗？"

一小时后，我在一间又小又黑的办公室里见到了周先生。这个办公室位于中国一所很有名气的理工大学建筑学院的地下室里。整间办公室大约十二平米，里面摆满了电脑。这里的人肯定连续加班好几天了。空气中夹杂着浓厚的汗味，坐在电脑前的年轻人盯着屏幕，睡眼惺忪。从烟灰缸里蔓延而来的烟雾充斥着办公室的每个角落。食物残渣和空方便面包装袋随处可见。

一个个子不高的中国人从那堆电脑中站起来，看向我们。他边走边试图耐心地盯住电脑屏幕。他先用中文热情地和我们打招呼，紧接着转身对另外一个人说了些什么，然后又转向我们用中文说了句抱歉。他注视着我们，眼里尽是倦意。

周把我介绍给了他（夏先生），夏先生十分热情，再次用中文和我打了声招呼。夏先生直接从上衣口袋里拿出一摞名片，身体微躬，双手递给我一张。见此，我也从一个口袋翻出名片，然后像夏先生一样也递给他一张。我们俩互相看了看对方的名片。从他中英结合的名片上我才知道他是一名博士生。通过周的翻译，他向我讲述了他的故事。

夏先生已经为北京奥运会的一个大项目连续忙碌了三个星期。这个建于青岛的项目包含有四个体育馆、一个会议中心、一个住宅区，总占地面积

120万平方米。青岛位于中国东海岸，拥有七百万居民，乘飞机去北京只需一个多小时。这是一个是国际竞标项目。起初，"他们"打算跟一家"著名的"加拿大建筑公司合作，但是，夏先生说这个合作简直"无从着手"并且相当"困难"，因此没有成功落实。现在他们非常希望找到一名加拿大建筑师出席介绍会。

他们用好奇的眼神看着我，好像在问：你可以担此重任吗？

在前往大学的出租车上，周告诉我可以提出的一些要求。我知道我将会被问到我是否已经做好准备以一个朋友的身份参与到这个项目中。我十分幼稚地问他为什么要选我这个外人？他笑着回答："因为外国的月亮格外圆。"

我有两种想法。对一个像我这样的荷兰建筑师来说，周的要求违背了我的职业道德。在明确答复他以前，我首先问他我是否能够在这个设计中产生一定的影响。我的问题让他很吃惊，他可能认为这个想法利大于弊。他简单答道："没问题！"他的回答同样违背了我的荷兰建筑观念：他怎么不咨询中国建筑相关负责人，就这么轻率地作出了决定？

在出租车上，周没有告诉我我将代表一家加拿大建筑公司。我也不知道这个项目包括四个体育馆、一个会议中心、一个住宅区，总面积为120万平方米。在荷兰我们还没有做过这么大的项目，也从未做过这种类型的项目。我很想接手这个项目，但是心里又忐忑不安，尤其得知最后一条消息的时候——介绍会将于第二天在青岛举行。

最终诱惑战胜了不安。我发现这是一个锻炼自我的好机会。我看着夏先生毫不犹豫地对周说："没问题！"周和夏先生不约而同地笑了。夏先生笑着同我握手，好像生怕我溜走了似的，这让我感到不太舒服。

我也笑着说："我可以看一下设计方案吗？"

我们从电脑旁边经过时，有人告诉我操纵电脑的人来自一家"效果图公司"。效果图，也就是用电脑绘制建筑的彩色意向透视图，是中国建筑工程在谈判过程中重要的一环。夏先生要求工作人员向我展示绘制的图片。我对图片中戏剧性的视角和奇异的日落感到惊讶，体育馆很吸引人的眼球。我在北京只待了一周。作为一名初来乍到的西方人，我询问了体育馆的创作理念、策略、位置之类的事情。周不情愿地把夏先生的话翻译给我："青岛是沿海城市，因此体育馆形似一条大鱼。"

我马上想到"在介绍会上我该怎么解释呢"。我决定拉起脸，而这会使话语更有分量。

画效果图的男孩在小隔间后面的一台电脑上画好图后，就招呼夏先生过去。夏先生是个情绪易激动的人。我们三个一同查看绘制的效果图时，夏先生突然欢呼道："好极了！"他边伸开胳膊边说："太好了！"画效果图的男孩此时看起来既自豪又高兴。

我们来到另一台电脑前，夏先生给我们展示了全然不同的体育馆设计方案。通过周做翻译，他说这是第一阶段的设计。在我看来，这些设计看起来与他们正在进行的设计没有任何关联，对于他们为什么没有精心制作第一阶段已经通过审核的设计方案，我感到很纳闷。因此，我通过周询问这两种设计方案之间的关系。还没等到答复，我接着说在荷兰第二阶段的设计要在第一阶段的基础上详细制作。然而，周没有向夏先生做翻译，就笑着说："中国人喜欢选择。"周接着问我对改进新的设计方案有什么建议。

我环顾办公室四周，恰好与绘图的小伙子们疲惫的眼神相对。我把第一阶段的设计同第二阶段的进行比较。这个设计与我们的公司——NEXT 的设计理念完全不同。但是这不是 NEXT 的工程，我也不能代表 NEXT。我试图做最后的努力，使它与 NEXT 的设计相似。但是介绍会第二天就要举行，时间不够用了。

我说："不，不要做任何变动。"话音刚落，夏先生再次握住了我的手。

夏先生把我和周先生送到门口，和我们道别后，他转身离开，我回过头，目送他跑回了办公室。

第二天早上我把写着见面地址的便条给出租车司机看，司机点头表示明白，然后开始全神贯注地开车。我住在西三环附近，红色夏利小轿车一路向北，驶过众多立交桥，来到了北四环。高楼大厦一闪而过，我努力回想北京过去的样子。

多年前，作为 NEXT 的成员，我第一次来到北京参观。我们晚上抵达北京时，从机窗往外望去，漆黑一片。我们通过摄影来研究世界大城市日新月异的外貌变化，北京便是其中一站。在前几个星期，我们已经参观了莫斯科、孟买、新德里、新加坡、吉隆坡、香港、珠江三角洲城市群和上海。这是一次令人难忘的经历。值得一提的是，中国的城市最让我激动不已。中国看起来正在发生着翻天覆地的变化，与此同时，面临的风险也不断增加。但是除了这些好的方面，中国的首都——北京，给人的第一印象却是暗淡无光，让人看不到希望。

在四合院酒店住了一晚后，我们开始游览北京。北京的冬天天寒地冻。从烧煤的炉子里散发出来的浓烟味充斥着整条街道。整个城市空气干燥，色彩单调：北京是灰色的，街道也灰蒙蒙的，建筑物的表面、衣服上也都灰蒙蒙一片，甚至天空也几乎是灰色的。这种情景，在缺乏绿色植被的情况下，更加明显。所有的树木都光秃秃的，没有绿叶。

我们有时骑租来的自行车，有时步行，有时乘坐出租车或者公交车，观赏了北京很多景点。我们迷失于由狭窄小道和四合院构成的古老空间结构的北京胡同中。一幢幢白色现代大楼在本应是公园的地方拔地而起，但是我们不太赞成这种做法。我们爬上最高楼，俯瞰北京，也游览了北京的"地下城"。毛主席认为中国可能会和西方国家之间爆发核战争，因此下令修建了这个地下城。我们发现近期大多数的建筑立面似乎都局限于采用面砖为饰面材料，而从北京建成的第一批高楼建筑上我们可以了解到北京几十年前的建筑痕迹：所有的塔楼都有一个尖顶庙宇。它们应该是中国在现代建筑学上寻求创新的首批成果。中国的建筑师将西方的高楼样式和中国传统的庙宇式屋顶相结合，但没有从根本上突破建筑类型学的限制。

从各个方面来看，北京与其他城市相比，比如我们前几周参观的广州、深圳、上海等城市，在现代化建设上取得的进步微不足道，或者说还没有找到正确的方向。一家荷兰报纸的记者，通过向人们介绍北京的近代史，恰当地展示了北京的发展。那时，中国人每周工作六天，人们也没有"休闲"这个想法。电视还没有普及到北京的每家每户。人们通常晚上睡得很早，以便第二天尤其还是星期天的时候，早早起床玩皮影戏、打太极拳。单位是生活的中心，其周围有公共浴室、诊所、礼堂和食堂，而且每周五都会放映电影，单位集工作、吃饭、住宿、娱乐和教育为一体。这位记者总结说："单位管理众人，还有权决定你个人的结婚、离婚和受教育权利。"

那次参观之后，时隔五年，一个新的北京正在迅速崛起。用面砖装饰的大楼已被各种各样、各式材料的大楼取代。LED 灯装饰的楼面传达着各种信息，大楼新旧相接、高矮相邻，新建的高楼尤其惹人注意。

出租车司机打断了我的思路。此时车已经停在一个交叉路口，出租车司机用中文和手势比划着告诉我已经到达目的地了。出租车消失在车流中，环顾四周，我没有找到我的同伴。在我正担心是不是走错地方的时候，周先生开着一辆不知什么型号的车出现在我面前。夏先生坐在副驾驶座位上，一个年长的女士坐在后排座位上。周让我坐到前排座位上，然后向我介绍那位年龄大一点的女士是邓教授，说她是夏先生的博士生导师。我打量了一下邓教授，并向她友好地问好，她也热情地用中文回应。虽然不是很方便，我们还是在车里交换了名片。

车内陷入了平静，我问周我们在等什么，他说我们在等建筑模型、图纸大板以及设计成果汇报文本，它们马上就会被运过来了。不一会儿，几辆车依次停在马路上。我们打开行李箱盖，放进一个装有 1.2×2 米大小的比例模型的盒子。盒子占了很大空间，因此，邓教授只好趴在前排座位上，我要求和她换位置，然而，每个人都坚持说我是客人，应当坐在前排。周说外国人腿长，我只好顺从，其实只是因为这时车子已经开动。

路上堵车严重，我们需要向东北方向行驶 30 公里，耗费一个多小时才能从北四环到达机场。因为堵车，夏先生变得十分焦躁。我们在最后一公里时进入了应急车道。我问周："这样做可以吗？"他确定地说："没问题！"接着他又笑着补充："这就是中国！"

我们把车停在机场停车场的一个角落里，把车上的东西卸下来，然后我们忙着寻找行李手推车和登机处。我们的模型由于尺寸太大而被贴上了超重行李的标签。最后我们慌乱地通过安检通道登上了飞机。

在飞往青岛一个多小时的飞机上，夏先生和邓教授都睡着了。我问周这个项目是怎么安排的，周说这类项目在大学里很常见。教授们除了教授知识，还会成立自己的建筑工作室，学生们直接在这里实习。他开玩笑地说："学生们白天学习，晚上工作。"博士生们负责一些项目，可以从中赚到"外快"。

我试图和他讨论学术教育与现实实践相结合的价值，却无从谈起。然后我又问他我是否可以看一下"我们项目"的设计方案，他说："晚点你会看到的！"

抵达青岛后，我们受到夏先生的好友——贾先生的热情接待。贾先生一边开心地笑着，一边用双手紧握我伸出去的那只手。当比例模型装上车时，贾先生告诉我们介绍会推迟了一天。周接着说因此我们要在青岛过夜。大家没有对这个消息做太多回应，我也一样。登记入住宾馆后，贾先生请我们吃午饭，周笑言我们要去青岛最有名的海鲜酒店。酒桌上喜气洋洋，觥筹交错，欢声笑语不断。吃完饭后，邓教授和夏先生利用剩余的下午时间补觉，我则和周来到了青岛市里。

青岛是一座雾城。它沿海岸线分布，在原来的德国租界处有很多历史古迹。周也是第一次来青岛。这些古老的德国建筑，经过中国的改造装饰，又有了新的内涵，我和周对这种改造方式很感兴趣。尽管如此，由于心思都在将要举行的介绍会上，我还是不能在这里忘情游览。在青岛的一个观景点，我问周知不知道介绍会的具体时间。周很含糊地说这还是个未知数。

那天晚上我们应贾先生的邀请来到他家。他的房子位于蜿蜒的街道上，房子旁边是大海，房屋很宽阔，其中一部分用做工作室，工作室里有很多绘画、雕塑、模型之类的艺术品。在工作室，我认识了于女士。于女士身材纤细，是贾先生的助手。然后周告诉我贾先生是一名广义上的艺术家，同时也"涉足"建筑和城市规划。

周站在贾先生旁边替我们翻译，像我们第一次见面的时候那样笑着。通

奥运会项目竞赛入围方案

过周做翻译，他告诉我，他和青岛市的一个市长是好朋友。这样我们就更容易参与到第二轮竞争中。而且他也已经适时地把"我们的方案"拿给几位评审专家看过了。谈到评委会对我们的设计很满意时，他笑得更加开心了。

我们坐在二楼的客厅里欣赏海景。正在贾先生倒酒的时候，门铃响了。他随即去开门。我问周有没有觉得红酒有点问题。周在巴黎进修了两年，他说中国的暴发户很青睐西方的新玩意，但又对这些玩意一窍不通。他证实了我的疑虑，这瓶红酒之前开封过。

贾先生兴奋地拿着两块 A0 大小的图板回来了。板子上的绘图极像一只放大的鱼，十分引人注目。贾先生笑着告诉我们，为了安全起见，他也为主体育馆做了一个设计方案。夏先生用怀疑的目光看了一眼设计，然后指出要在体育馆前建一个人工湖，实际空间不允许。贾先生笑着说："这只是一个设想。"

大家整晚开着卡拉 OK 机唱歌、跳舞、喝酒。贾先生和于女士表演完二重唱之后，邓教授突然站起来说介绍会将于第二天上午 11 点举行，然后我们结束了晚上的活动。

我再次向周确认介绍会的时间，但他的回答只有四个字"明天上午"。

度过了一个不眠夜，我再次提起介绍会。我问周可不可以告诉我设计方案、我们的策略、我能做什么期望、我该把重点放在哪儿、我代表哪一家加拿大公司。周把我的问题翻译给邓教授。邓教授通过周给我说，她将负责整个汇报，我只需要在最后做些补充并且回答一些问题就可以了。

通过周，我告诉她，我现在对整个项目几乎一无所知，因此我既做不了补充也无法回答问题。周把我的话翻译为汉语之后，邓教授一言未发。我又重复了这些问题，周没有翻译，邓教授笑而不语。我只好以笑回应。周说："你能行。"吃完早饭，我们约定十分钟后在大厅见面，然后赶往即将召开介绍会的地方。

在前往介绍会的路上，城市的形象不断发生着变化。刚开始是不起眼的中德混合品，然后又变成了典型的中国建筑，最后是破旧不堪的低矮楼房伴着现代高高耸立、信息畅通、视野广阔的高楼大厦，鳞次栉比，交错存在，最后一种形象持续了足足有半个小时。到达目的地时，我惊讶地发现这儿已有一个体育馆落成。我们围着体育馆转了一圈，对我的同伴而言，最重要的是找到了选址的中心以及穿过这个地区的轴线。更让我惊讶的是，介绍会就在这里举行。在入口处，我们受到热情接待。图板、模型和项目汇报文本都放到一个房间里，在这个房间的乒乓球台上还放着两个其他建筑公司带来的比例模型，他们的图板沿墙摆放着。我们的竞争对手有三个——两个中韩合作公司、一个中法合作公司。

在邓教授仔细研究其他公司的比例模型时，我们的模型也终于亮相了。我终于对设计的基本内容、规模以及基本设计方案有了大体了解。我们的比例模型比其他公司的模型更详细具体。对于这个结果，邓教授对夏先生大加赞扬，夏先生谦虚地说这还是模型制作公司的功劳。

大家仔细对几个公司的模型进行对比之后，惊讶地发现我们的模型没有车行入口，而其他几个公司的模型上都有。夏先生羞愧得无地自容，邓教授呆滞地看着那缺失的入口处。我问周是否存在问题，他回答说："有可能。"

人们再次惊讶地发现，法国公司的模型比例不是1：1000，而是1：2000。我向周暗示这会对我们有利。"他们可能觉得胜算把握比较大，因此没在模型上花费很多心思。"周这样回答我。面对这些意外，只有贾先生还保持着淡定的微笑。

在门口负责接待的一位礼仪小姐前来通知说评审团正在等我们。听到这个消息，我和队友都有点慌乱。我们离开房间，走在40米长的走廊上。走廊上灯光璀璨，尽头是一扇皮革门。在门的后面有一张大桌子，大概有二十多个人坐在桌子周围的办公椅上。我被带到桌子末端的一把办公椅前，"我的团队"尾随而至。夏先生插上笔记本的电源，于女士把A0的图板放在墙边，我不自在地扫视了一下四周。房间里充斥着浓浓的烟味，墙上的图板都看不清楚了。天花板上挂着三个大型树枝形吊灯。十个女秘书拿着笔记本沿墙而坐。两名摄影师在一角盯着我，一个大摄像镜头直接对着我。

我突然莫名地紧张起来。

我努力把笨重的椅子往桌前挪了一下，然后开始打量坐在桌前的这些人。他们都穿着深色西装、白色衬衣。其中两位在轻声交谈，一部分人拿着泡着茶叶的杯子喝茶，还有一些人在玩手机。所有人都面无表情。

我不知道谁主持这个会议，也不知道会议的作用。我向周咨询，他用茫然的眼神看着我，很显然，他也不知道答案。我突然擅自决定要讲一讲在世界全球化进程中，地区认同感在压力之下正在激增。尽管如此，与中国的其他城市相比，青岛有许多独特的优势，它拥有优越的沿海位置和众多历史建筑。为奥运会这样的"全球事件"设计体育馆，把地方特色融入到设计之中会带来令人惊异的效果。我认识到，从这个方面来看，那只放大了的鱼代表一种确定的逻辑，至少对我来说是这样的。

坐在桌子中间的那个秃顶男人打断了我的思绪，他用中文给我说了几句话。全场安静下来，我意识到介绍会开始了，一双双紧张的眼睛注视着我，我疑虑地看了邓教授一眼，她也看了我一眼，接着开始主动发言。周小声说他尽可能把邓教授的发言翻译完整。

邓教授解释道这个项目成果是由本土设计院和加拿大建筑设计工作室共同完成的。因为产品介绍会的时间有限，她将亲自介绍设计，这样就省去了翻译时间。周把这些话翻译给我后，我点头表示赞同。听了几句话后，我惊讶地发现邓教授的态度突然变得很恭顺。她只是把设计当作一种可能的选择来介绍，而不是明确回应客户的要求。这太不可思议了！在荷兰，建筑师们都是怀着最后被采用的决心来介绍设计的。

介绍会包括三部分：首先，分析选址对入口设计的限制、朝南定位的重要性以及城市的轴线问题。在荷兰，这种分析规模更大，而且会从不同角度寻找解决方法。因此在我看来，邓教授忽略了选址的历史内涵，也没从更大的总体规划的角度将建设地点与基础设施建设、功能和区域规划以及它的地位联系起来。

报告的第二部分包括体育馆和会议中心的一系列设计方案。每一张图纸都要仔细介绍，包括出口的位置、每一部分的大小和对材料使用的建议。在荷兰，我们会从内部和功能流线方面进行介绍，然后用图像进行分析。

第三部分介绍住宅区，首先还是要介绍方案效果图。位于海岸的区域是一块绿茵地，一幢幢白色高楼在此落成。介绍完方案效果图之后，我们展示了很多楼房的楼梯设计方案，所有的方案都采用小房间设计。介绍的过程中用了很多"奢华"、"舒适"、"实用"这类的词语来说明。

整个介绍大约用了四十分钟，其中第一部分五分钟，第二部分二十分钟，第三部分十五分钟。邓教授向评审团表示感谢，并表示愿意回答相关问题。

贾先生坐在房间后面。在全场陷入寂静之时，他同旁边的人低声说了些什么。然后旁边的这个人向坐在中间的那个秃顶男士说了些什么，秃顶男士接着大声宣布开始介绍下一个设计。这时另外一台电脑接上了电源，于女士紧张地摆弄着激光笔。幻灯片开始放映，屏幕上出现了悉尼歌剧院的图片，接着是艾菲尔铁塔、大笨钟、纽约帝国大厦、胡夫金字塔和一些其他的地标建筑，最后出现的图片竟是一条放大的鱼——青岛体育馆——作为这些世界著名地标的后继者。

坐在中间的秃顶男士向我们的介绍表示感谢，然后他说因为我们做了两个而不是一个介绍，所以没有时间进行提问了。我吃惊地看着周，问他我还要不要做补充。他回答："可能没有必要。"几分钟之后，我们离开了那个房间，整个汇报过程中我一个字也没有说。

我们穿过那条长长的走廊回到了放置模型的那个房间里，然后我意识到评审团根本就没有看那个模型。我看着我的"同伴"，谁都没有说话。几分钟后，一个人进入房间，打破了沉默。他是在评审室里和贾先生耳语的那个人。贾先生走过去向他问好并和他热情握手。十分钟后，这个人又走了，贾先生告诉了我们他们谈话的内容。那个人是马先生，他说评审团对我们的设计十分满意。贾先生想请马先生一起吃午饭，以前也邀请过几次，但是马先生都因为工作忙回绝了。

没有邀请到马先生，我们只好自己去吃午饭。车不一会儿驶进一条街，我们沿街来到一块空地的中心。这条路是个死胡同，路的尽头是一座两层小楼，那就是我们要吃饭的地方。门口前面放着很多大盘子，里面盛满了供客人消费的海鲜。服务员把我们迎进周预订的"贵宾包间"里，这个包间相当豪华，地板上、墙上、天花板上到处都镶着贝壳。酒店离大海不到 20 米，我们在包房就能欣赏到海景。

我被安排在贾先生旁边，有人给我斟上一杯中国米酒，它尝起来和荷兰的杜松子酒很像。通过周的翻译，贾先生告诉我这个 VIP 包间是他设计的，而且他跟饭店的主人很熟。然后他问我对刚才经过的那块空地的看法。

我说点什么好呢？美丽？空旷？我像那天邓教授一样笑而不语。见此，贾先生接着说这块地是他的，共有三千平方米。然后他问我有没有兴趣为这块地做设计。我惊呆了！通过周，我告诉他，我很愿意。贾先生笑了，我想接着和他谈一下这个项目，但让我再次吃惊的是，直到饭局结束，贾先生都没有再提这个事。

两小时之后，马先生要埋单，我也打算埋单，但是他们都不同意。我问周我们接下来的日程安排，周说应贾先生一个好友的邀请，我们将去参观山上的一个茶园。

茶园宛若世外桃源，静谧淡然。中国的古典乐曲在我们的暖房里飘荡。我被这个茶会仪式深深地吸引住了。不一会儿，我被介绍给了这个茶园的老板。周告诉我园主打算在茶园附近建一个酒店，希望我"出谋划策"。听到这个邀请我很兴奋，因为在荷兰，建筑师很难接到这类实际建筑项目的委托。但在中国，建筑师轻而易举地就能接到项目。对于这个项目，我当然很感兴趣！

在茶园庆典期间，邓教授又开始谈论之前的介绍会。贾先生认为一切都已成定局，但是夏先生仍对评审团没提问题一事十分担忧。而邓教授却转向我，通过周问我怎样才能完成设计结构的主体支撑部分。在介绍会上我们没有准备剖面图，因此我要求她画一个设计的剖面图。邓教授拿出纸笔，画了一条大跨线作为屋顶。我说虽然我对中国的建筑常规了解很少，但是我有两种想法。我画了一个意向图，提出第一个方案，需要预制屋顶。在第二个方案中，都是在现场制作，但由于这一切都需要脚手架的支撑，所以这个方案不可行。邓教授边研究我的方案边点头，和善地笑着。

讨论会很快结束了。周通知我去贾先生家唱卡拉 OK。但是当我们到达他家时，马上明白唱歌已成泡影。于女士和其他同事正在电脑前忙碌，一条条线在电脑屏幕上蜿蜒。

不一会儿，一座摩天大楼林立的城市映入眼帘。画面里还有很多高楼，根据比例估计，它们高达 200 米到 250 米。一条中心轴穿过城市延伸到大海。人们除了赞扬这是"地标"、"十分现代"之外，再没有多余的评论。我很疑惑：这就是我们那天下午在路上经过的那片空地吗？

贾先生瞪大眼睛看着我，向周问道："他认为这个设计怎么样？"

我不解地问："关于什么呢？这张图吗？"我对整个设计一无所知啊。

所有的目光都集中在我的身上，邓教授看起来似乎对我接下来的话很感兴趣。我在"不需要任何改变"、未来得及说出的"全球化论"以及关键性质的方法论之间犹豫不决。这次我选择了关键性的方法。由周做翻译，我对整个城市的设计、多样性和可变性进行了评论。结尾时，我问贾先生如何在该地区周围进行基础设施建设。贾先生在回答前先询问邓教授的意见。在讲解过程中，我用眼睛的余光看了一下邓教授，发现她不断点头表示赞同。周翻译完后，我发现她的观点和我的相似。贾先生说现在这个设计还是一个设想。因为整个设计超过了国家限制高度——18 米，因此只有得到政府批准后才能动工。

贾先生把那瓶没喝完的红酒拿上来给大家喝，这次我礼貌地拒绝了。邓教授说天色已晚，我们得乘坐第二天早上的飞机回去。然后大家相互告别。于女士递给我她的名片，说如果我对学习汉语感兴趣或者再来青岛，打电话告诉她，她将很乐意帮忙。因为她不会英语，我们进行交流时，都是周在中间翻译。

通过周，我再次向贾先生表示我对这个项目很感兴趣，我很想接手这个项目。贾先生笑着点头，并和我握手。

当天晚上，我在酒店客房里分别画出了贾先生的项目以及茶园酒店的设计草图。

回到北京之后，就这次经历我向周表示了感谢，并请他与贾先生和茶园主人时刻保持联系。他答应了我，又反过来感谢我，提议近期一起吃个饭。

几个月过去了，青岛方面对于竞标结果有过几次通知，结果最后宣布了。中法联合公司的设计"可能"胜出。然而，让人高兴的是，夏先生"可能"获得了建造住宅区的任务。

茶园主人？没有音信。

贾先生？也没有音信。

你怎样开始一个设计

荷兰代尔夫特理工大学，青岛之行的十二年前

学建筑的学生应该都会问自己这样一个很基本的问题："我该怎样开始一个设计？"我在代尔夫特理工大学建筑学院上学时，这个问题一贯是以一种半科学的态度进行处理的。建筑教育的基础是现代主义原理，更确切地说是实用主义原理。美存在于事物的自身：理想情况下，一个建筑的外部特色正是对其功能的体现，因此，如果建筑中有提到美，那么它就应该渗透到功能之中。在我加入第一个设计工作室时，我就明白了这个概念。一个同学在介绍他的设计时说他选择这种方案的原因是因为他发现结果会很吸引人。老师对此嗤之以鼻："那只是你的个人观点！"老师接着激动地说："它为什么好？为什么有这种作用？为什么？"他继续大声地重复问："为什么？"

为了找到这个"为什么"以及"你怎么开始一个设计"的答案，我的策略就尽可能地建立一个大的参考框架。在大一进行查阅时，我结识了后来NEXT建筑事务所的同事们——巴特·劳索、马林·施汉克和米歇尔·施莱马赫斯。我们一同组织了很多不同主题的研讨会和展览会，并且一起进行"十天参观100个建筑"之类的外国旅行。通过我们的"自主学习"，学院让我们自己定任务、选导师。学校给了我们创作的自由和空间，我们非常感激，并做了周密安排。

大三的时候，为了做设计，作为有约1500全职学生的斯达勒斯学生协会的董事会成员之一，我中断了一年的学习以作表率。劳索和施汉克前一年

就正式加入了斯达勒斯。我和施莱马赫斯在斯达勒斯发行了第一本学院年刊。在学生会我负责组织讲座和短途旅行。我前后组织了五十多次讲座、十次旅行。而且，如果用出席率来衡量讲座的质量，就数伦佐·皮阿诺来荷兰领伊拉斯谟奖时所做的演讲上座率最高。

退出学生会后，我迫切需要实践经验。我跟着克里斯汀·拉普实习了六个月，拉普刚刚获得了鹿特丹马斯卡特青年建筑师奖，他与汉斯·科尔合作，共同设计了阿姆斯特丹比雷埃夫斯大厦。我曾大胆地把它当作"欧洲最好的建筑群之一"。然而在实习期间，我没有获得实践经验，我的工作只是研究和草图设计。我被告知在阿姆斯特丹这些刚成立的公司实习，实习生能做的只是研究。我也明白了学生在设计中宣扬的自由与公司实践中宣扬的自由截然不同。

回到大学后，我和劳索、施汉克和施莱马赫斯不断进行项目合作。我们四个人（后来创办了 NEXT）首先搬进了一个如今已分配给无家可归的居民的废弃的警察站，后来我们把工作室搬到了一所学校的教室，我们四个既独立思考又分工合作，为各自的毕业设计忙碌。毕业设计是教育体系中最重要的一项内容，理想情况下，一个优秀的毕业设计蕴含着你大学学到的知识和专长，凝结着你的努力。正如一位老师所警告的那样：毕业设计是你可以自由发挥并按自己的想法绘制的最后一个设计图。

就我而言，我要为阿姆斯特丹斯希普霍尔机场附近的住宅群做设计。由于机场的居住和旅行功能存在明显冲突，我设想一个目前我不看好的特质：一个典型的都市机场。在毕业设计中，我把住宅区同机场联系起来进行设计，不断探索这种建筑设计的好处。

我首先对斯希普霍尔机场做了直接分析，包括它的占地面积、使用状况、组织机构、功能、设施、交通流量、发展情况和未来规划。在参阅法国人类学家马克·奥格关于"非场所"（non-places）的著作基础上，我对机场的分析达到了一定的深度。"非场所"的特点是统一并缺乏社会连贯性，它们看起来都是一样的，你只能在那儿短暂停留。"非地方"的不断增加是一股

毕业设计

无法阻挡的潮流，也是奥格所说的"超级现代化"的特点之一，奥格认为"非场所"的不断增加将会给社会带来深远影响。"非场所"导致人们之间的联系过于频繁，因此会引发新型孤独。

第二部分是经验研究。比如，我发现斯希普霍尔机场的中心地区噪音污染在荷兰房屋法令规定的范围内有所下降，斯希普霍尔地区的空气质量比阿姆斯特丹市中心要好。

接下来，我开始着手勒·柯布西耶的联合住宅区这个项目，把之前的研究分析成果运用到设计之中。然而，这个"居住区"、"垂直村"与"旅行功能"以及斯希普霍尔机场的"非场所"功能冲突。为了解决联合住宅区和斯希普霍尔机场的冲突，我需要对设计做了大量调整。其中之一就是要建一个全功能的立体广场，满足人们的"中级"生活需求。我高度追求建筑的灵活性：三个集居住、生活为一体的建筑可以随时转换功能，并包含 68 个独立单元。这种设计的中心理念是促进沟通成为一种选择，而这也代表了一种特性。

通过毕业设计，我暂时找到了"怎样开始一个设计"的答案。在这个项目中，我试图通过对比展现设计的特色。而这个结果就建立在充分研究和分析的基础上。通过一系列的改造，我把研究结果变为设计成果。最后，通过灵活的变化组合更加丰富了设计。

大都市图像

阿姆斯特丹，青岛之行的五年前

我和施汉克、劳索以及施莱马赫斯几乎同时毕业。在工作室吃午餐时，我们意识到，我们即将踏入会引发幽闭恐怖症的真实社会生活中，而迄今为止我们所追求的自由也在迅速萎缩。为了最大程度地开阔视野，我们决定游览世界上的大城市。那时大约是 1999 年中期，"全球化问题"几乎涉及到所有的有社会责任感的职业范围。我们学习的雷姆·库哈斯的全球城市趋同理论在这次行程中发挥着重要作用。世界上的城市人口和农村人口基本持平。这种极端的城市化意味着什么？在世界全球化的影响之下，各个城市还能在多大程度上保持自身特色？

我们致力于探索"全球化对世界大都市的外貌影响"。在项目研究方案中，我们分析一座城市呈现的七十个主题，这些主题从 "乡村式样"到"国际建筑"，从"婚礼"到"麦当劳"，五花八门，无所不包。我们按照相同的方式记录下每个城市的主题。除了摄影，我们希望收集一些媒体报道，做一些采访。这样一来，我们就能最终形成一个线路网，对世界各大都市的外观进行系统性比较。我们称这一项目为"大都市图像"。

通过这个项目，我们突破了工作室的权限，向成立公司迈出了第一步。我们申请这个项目的补贴，没想到竟然得到了批准。

我们通过各种结伴方式从各个视角游览了世界。通过邮件和网站，我们互相分享旅行中的调查结果和新发现。我和施莱马赫斯一起游览了莫斯科，此时，施汉克和劳索正在开罗游玩。我在孟买碰见了劳索，然后我俩又在新德里同刚从南非约翰内斯堡返回来的施汉克和施莱马赫斯相遇。我们一起从昌迪加尔抵达曼谷。我和施汉克去了新加坡，而劳索和施莱马赫斯则在吉隆坡。我们四个再次在吉隆坡相遇，然后一起游览香港、深圳、广州和上海。施汉克独自飞抵东京。与此同时，我和劳索、施莱马赫斯共同游览了北京。我们又再次在东京碰面。之后，施汉克和施莱马赫斯去了墨西哥城，我和劳索则去了洛杉矶，随后又游览了旧金山和拉斯维加斯。然后，劳索去了墨西哥城，劳索、施汉克和施莱马赫斯又从墨西哥城飞往智利的圣地亚哥，而我则游览了华盛顿和纽约，并在圣保罗和其他人相聚。我们在巴西游览了里约热内卢、贝罗奥里藏特和巴西利亚。

2000 年 1 月初我们抵达斯希普霍尔机场。我们的这次世界之旅成果丰硕：我们拥有了大量经历，游览了很多景点，和成千上百人聊天，作了很多采访调查，也收集了很多媒体报道。

几天后，我们四个在阿姆斯特丹的一个格兰咖啡厅碰面，商量把收集到的信息办一个展览。另外，我们在旅途中接到一个项目——用我们的努力和智慧研究两个带有会展中心的城市扩建项目。这个委托是促进我们成立公司的第二步，并很快把公司命名为"NEXT 建筑师事务所"，同时，我们也开始为美好的未来努力。

对于我们自己提出的"世界大都市图像"这个问题的答案其实很简单：是的，世界各大都市外貌基本相似，这一点在我们绘制的线路网上一目了然，但这并不是一个超级发现。世界各大城市外表基本相似这一事实与我们的旅行经历是相互矛盾的，因为不同城市的同一种形象却有不同的含义。在游览中，我们致力于解读不同城市的形象含义，并在这个基础上对一系列城市现象作了预测和描述。

然而，我们的任务内容非常全面，涉及到很多领域，因此我们无法把旅行中的发现绘声绘色地描述出来。在鹿特丹的荷兰建筑学院举行的"世界大都会图像"展览会开幕式上，卡雷尔·韦伯教授在演讲的末尾批评性地回应道：

环球探索之旅所到访的城市分布

"通过你的经历，你得让自己出人意料。"

这句话深深印在我的脑海里。

在出席荷兰的一个电视节目时，我被问及一个相当尖锐的问题："这次旅行给你的工作带来了什么影响？"我间接回答说："我们在设计中肯定不会使用中国庙宇式的屋顶。"

现在回想起来，我也不明白当时为什么会提到中国，可能是因为中国和荷兰的差异太大了。想到这里，我马上意识到要把在中国的所见所闻不折不扣地转化成荷兰版本，不是件容易的事。

对于"旅行对我们工作的影响"这个问题，我们无法回答。然而，根据最新获得的世界基准，我们找到了进行工作和设想的最广泛的基础和自由。

城市印象矩阵

国内新闻报采访

1%

阿姆斯特丹，青岛之行的一年前

　　"世界大都会城市图像"展览会大告成功，施汉克和劳索获得了荷兰为优秀毕业设计颁发的最高奖——Archiprix 奖，同时也不费吹灰之力得到了一些设计项目，NEXT 开始步入正轨。我们公司的信条是——做事之前先计划，寻求共同利益。NEXT 刚刚成立时，我们的一个朋友说我们是"一艘船上的四个船长"，这种人力分配会担很多风险，对此，我们时刻保持警惕。事实证明，他的忠告是对的，我们四个人共享共同著作权的附加值。我们都知道一个建筑事务所只有树立"每个建筑师创作出来的设计对公司而言都是需要改进的"这个思想，才能成功运行。而且，我们的合作还有一个基础——互补。在 NEXT，施汉克负责"构思"，劳索负责"重点工作"，施莱马赫斯负责"改进作品"，我则是"迎接挑战"的那个人。

　　我们不断在多领域内寻求工作机会。比如，我们同社会学家合作进行"文化生态地图集"项目。我们对"未来有用的地方"这个题目做了大规模多学科的研究，这也使我们获得了国际建筑设计大赛的奥斯克奖，它是我们获得的第二个奖项。我们有很多设计在比赛中获奖，这些设计包括两座桥梁，一个观光塔，还有"森林博物馆"里的一条斜形环路。我们和 Droog 设计公司合作，为米兰双年展设计门和栅栏，我们把设计方案定位在私人空间和公共场所之间。我们也设计了家具和低耗灯之类的产品，低耗灯用凝结的豆油作燃料，慢慢地发出光芒。我们开发互动式软件，满足用户的特殊需求，我们

建筑游戏

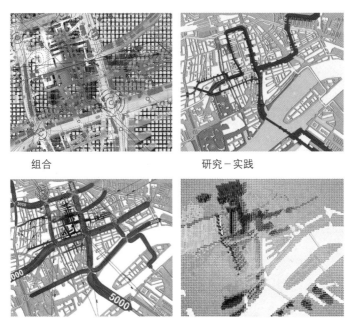

组合

研究－实践

透视角－交通

城市生态学地图集合

喷灯

"未来的精英"展览

还开发了一个建筑游戏，游戏文件中的一小部分是"关于现代建筑的 1000 个问题"。而这一部分是从一辑特别的作品集中挑选出来的。

NEXT 成员达成一个共识：公司可以把研究和建筑实践结合起来，寻求附加利益。我们清楚地明白，建筑研究对我们的实践至关重要；反过来说，实际生活中的实践经验也是研究的基础。随着我们涉足领域的不断扩大，我们希望用"多变的视角"来进行多角度设计。

那个时候，我们工作的一个重要部分就是参加"未来的精英"展览会，活动负责人会从参选公司中选出有前途的新建筑公司。我们在展览会上精心展示我们的作品，这是我们不断探索的一部分。我们的展地大约有一平方米，高两米，主要用来放置泡沫塑料，这种泡沫通常用来做草图模型。我们设计的作品模型就是从这些泡沫塑料里切割出来，这些材料为我们进一步探索和发现提供了一定的空间。

然而，四年后，我们清晰地发现我们的建筑实践远远落后于建筑研究。我们虽然接手了很多小型建筑项目，但通常都是些不重要的项目，主要是室内设计的委托，我们没有做过真正的成规模的建筑项目。事实证明，即使我们做了很多设计，拥有很多杰出建筑设计作品，但因为缺乏经验，我们很难接到新的实际的设计任务。我们开始把重点放在一些实实在在的建筑项目上，因此我和劳索来到了 DHV 工程咨询办公室。DHV 也参与了奥斯克奖的角逐，并获得了第五名。DHV 在世界范围内有七十多家分公司、五千多名员工。他们把任何能够考虑到的基础设施写入方案，而我们则充满了想法。我们打算把我们的理念同 DHV 的结合起来，对我们而言，这种结合很有吸引力。

我们商定再次在 DHV 总部会面，以便加深了解。我们自信地介绍了我们的工作和理念，并在我们的能力范围内向他们作了详细解释。在我们的讲解过程中，DHV 的经理仔细倾听，有时会做一下记录。介绍完之后，我们紧张地等待她的意见。

她为我们打开了一扇一直关着的门。她指出我们"在营销方面下的工夫太少了"。她在纸上画了一个坐标图，在轴的四端分别标注上"老客户"、"新客户"、"旧想法"和"新想法"。然后她向我们解释这四个方面之间的联系："老客户"有 80% 的可能性接受"旧想法"，"老客户"有 10% 的可能性接受"新想法"。"新客户"接受"旧想法"的可能性是 9%，"新客户"接受"新想法"的可能性是 1%。

她把"老顾客，旧想法"象限圈起来，说"这是 DHV"。

她把"新客户，新主意"象限圈起来说"这是 NEXT"。

她的分析让我们如梦初醒。

1% 的数据像悬在我们头顶上的一把达摩克利斯之剑。通过研究实践和建筑实践的结合，NEXT 可以获得附加值。但是我们几乎没有机会把设计构思转化成建筑实践，更何谈把两者结合起来？对我而言，我很明白我们的前进方向，我们应该寻求机会，进行建筑实践。然而，只有想法却没有相关经验和参考，建筑实践又从何谈起？

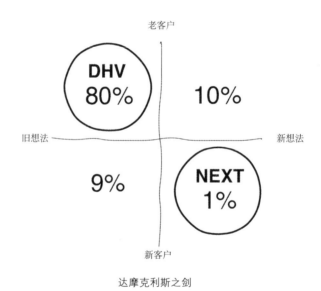

达摩克利斯之剑

中国，中国，中国

阿姆斯特丹，青岛之行的六个月前

我收到一封邮件，邮件的主题是"你对北京奥运会中的项目感兴趣吗"。发件人姓名是由一些奇怪的计算机字符组成的。我禁不住诱惑，打开了邮件。本以为它是一种新型的发给建筑公司的垃圾邮件，但是我错了，这是周先生发给我的邮件。周先生是一名中国建筑师，我和他有一年没有联系了。

三年前在"世界大都市图像"之旅中，我应邀参加荷兰驻中国大使馆文化部部长组织的晚宴，并在晚宴上结识了周先生。除了周先生之外，晚宴还邀请了其他三名中国设计师。晚宴准备了很多讨论主题。第一个主题是"安德鲁蛋"，这个国家大剧院将建在天安门广场的右边。我们要讨论的主题是"安德鲁蛋的选址是否与中国的文化和建筑学相适应"。

没有人敢畅所欲言。见此，我说这么优越的地理位置需要有一个优秀的设计，但是我说不出这个设计有什么独特之处。周说这个设计方案十分优秀，但学术界却对此有异议，其中主要是因为造价太高，对中国这样的发展中国家来说，其建筑花费的确是一笔大数目。然后他又指出安德鲁蛋的设计与中国传统思维模式相冲突。"蛋"需要建到50米高才能保持蛋形的弧度，容纳观众。但是国家不允许它超过人民大会堂的高度——47米。由此，蛋形的国家大剧院需要陷入地下。连通入口的楼梯位于玻璃通道之下，玻璃通道穿过人工湖直达博物馆的内部。然而，在中国人的思想中，下降是与死亡相关的。在壳下面的空间，礼堂将作为一个独立的发声体，这个事实使这个设计像一

2001 年展览（中国清华大学）

个坟墓的印象进一步增强——正如过去的时代里中国的皇帝被埋葬的场景。最后周指出北京水资源匮乏，真有必要建一个这么大的人工湖吗？

我对周很感兴趣，因为他敢于表明自己的看法。其他中国建筑师都一言不发。他们不会讲或假装不会讲英语。周无视中国不成文的陈词滥调，活得十分洒脱自在，至少在西方人的眼中是这样的。我后来才知道周在法国研修了两年，现在正在攻读博士学位。接下来，周阐述他对亚洲和欧洲城市的差异、北京面临的机遇和挑战之类的事情的看法，我饶有兴致地听了他的论述。

在我游览过的国家中，数中国和欧洲的差异最大。在我看来，随着中国的现代化建设取得了前所未有的成就，与欧洲的差异让中国更具吸引力。我从蛋壳的设计中发现一个鼓舞人心的课题：作为一个历史悠久的发展中国家，中国的现代化进程很不平衡。作为一名外国建筑师，在这种情况中应该怎么做？

在我们第一次见面的一年后，我再次和周交谈。"世界大都市图像"展览在南非约翰内斯堡举行的"城市未来发展大会"上首次展出。随后，展览相继在代尔夫特、海牙、埃因霍温和吉隆坡举办。2001 年初，我同周详细交谈，希望可以在上海和北京举办展览。2001 年 3 月，我跟随展览会先后来到上海和北京，向大家介绍我们的旅行和在演讲中的发现，我在约翰内斯堡也是这么做的。周到北京机场接我，然后我们坐上一辆旧公交车赶往大学。到达学校后，我们马上去看展览。展览在学院大厅举行。周骄傲地告诉我，学院院长对展览会很感兴趣，要求对展览会进行系统拍摄。当天，校园里挂满了写着我名字的海报：明天 NEXT 建筑师事务所的建筑师来做演讲。

第二天，我发现观众席上全都是学生，座无虚席。演讲定于下午三点开始，演讲开始前十分钟我们便来到会堂旁边的房间。一排教授站在那里等待观众，荷兰驻中国大使馆文化部部长也在其中。教授们一个接一个地把他们的名片递给我，接过名片时，我会跟他们简单交流几句。现在已是下午三点半，我不明白演讲为什么迟迟不开始。我一直在等待，最后有人对我用荷兰语小声说了句"演讲该开始了"。我不愿意第一个穿过过道，但是有人用荷兰话告

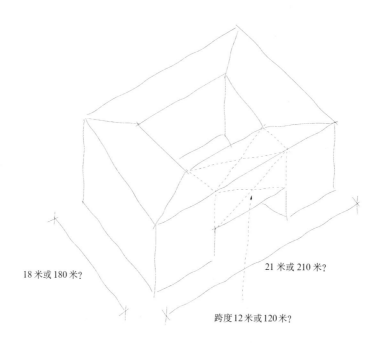

18 米或 180 米？

21 米或 210 米？

跨度 12 米或 120 米？

公寓建筑的尺度？

诉我必须这样做。中国人习惯让客人第一个出入房间。

院长用中文宣布演讲开始，会上没有专门的翻译，我只能用英语进行演讲。作完四十分钟的演讲，我说大家可以问我一些问题。数百双眼睛纷纷看向我，很显然，他们很惊讶。

第一个人用断断续续的英文问我们是不是乘飞机去的这些城市。

这个问题很让我惊讶。我回答道：是的，我们是乘坐飞机。

停顿了几分钟后，有人开始问第二个问题，也是最后一个问题：你们从哪儿获得了各个城市的所有相关信息？

我回答说"从因特网上、书上和电视访问上"。我偷偷瞥了一眼这个与想象中完全不同的世界，突然意识到我误读了这些听众。我觉得他们不怎么明白我的演讲。

演讲结束后，我应邀和几个教授一起吃饭。在晚饭接近尾声之时，他们表明寻求 NEXT 同他们公司合作的意向。对此，我很吃惊，也不知道要合作的内容。当前中国仅有的几本建筑杂志之一的编辑也出席了此次晚宴。他很想出版我们的旅行故事，但因缺乏资金，只能作罢。我们的故事最终没在中国出版。几年后我意识到这个编辑的话表明我们需要自筹资金出版书籍。

第二天，周陪同我来到一家与他关系不错的建筑公司，我向他们展示我们的设计项目。一个雕塑感很强的公寓楼长 21 米、宽 18 米，在建筑的长边中间，有一个跨度 12 米的无柱通道，而这个跨度可以通过一根空腹梁来实现。一名建筑师认为这个宽度不合适，原来，他把绘图的比例看成了 1 : 1000，而实际比例是 1 : 100，因此他以为宽度是 120 米，而不是 12 米。我注意到中国人的思维和我们的完全不同。尽管我们展示的都是些小项目，这个公司依然很想与我们合作："我们可以共建高楼大厦。"

继北京之行后，我和周飞到了上海，展览会将在上海同济大学举办。为了让观众理解起来不费劲，我以另外一种不同的方式重新构思了一下我的故事。与北京展览会相同，我们在演讲结束后和学校的教授们一起用餐，然后也提到共同合作一事。第二天我们也是去拜访一家公司，它也想同我们建立合作伙伴关系。

其中一个建筑公司是由一名博士创建的。崭新的办公室只装修了一半。我们坐着他的车前往公司，车上还裹着一层塑料保护膜。他用英语说："车是新买的。"他也想跟我们合作，但是他只想用"我们的公司名字和营业执照"。这会花费多少钱？在荷兰这个问题很不可思议。为了避开他的问题，我便询问他的设计。他启动电脑，打开一个文件夹，用鼠标点击里面的绘图。每出现一个图像，他都会边笑边做介绍，"哈哈，医院"，"哈哈，办公楼"，"哈哈，博物馆"，"哈哈，学校"，对此我感到莫名其妙。

结束十天的旅程后我回到了荷兰，我向荷兰方面汇报有十一家公司希望与 NEXT 进行项目合作。这次中国之行，我唱了八次卡拉 OK，参加了九次酒店饭局，收到了各种礼物。NEXT 才刚刚创立一年，我们正在进行第一批建筑设计，因此我们没有相关建筑经验。我们怎样才能"建很多高楼"？

现实的力量是强大的，我们丧失了很多机会。因此在收到周先生发来的邮件之前，我们与中国方面失去了联系。看到邮件后，我甚是激动，马上把邮件内容告诉其他人。我们对北京奥运会的一个建设项目是否感兴趣？对于这个问题，我们既有疑虑又很感兴趣，所以我们采取了模棱两可的回答："请告诉我们项目内容……"这个项目是为北京周边的一个城市建羽毛球馆。参与这个项目的大学必须和国际建筑公司成立合作团队。这是个千载难逢的好机会，我们当然很感兴趣。我问周我们需要做什么。他要求我们组成一个设计团队。我又问他我们应把重点放在哪儿。他的回答是："库哈斯在中国很出名。"我们依然不清楚我们的任务重点，我们只好准备设计，然后把设计作品寄到北京。之后，我们等了很长时间，也做了很多后续调查，评委会认为我们的设计"不出色"。我们通过进一步调查发现，像扎哈·哈迪德这样的名人也"可能"参与竞争。

尽管很失望，但是中国给我们带来了希望。在 DHV 对 NEXT 做了"1%"的论断之后的第六个月，我饶有兴致地向同事建议去中国开公司。这个建议让 NEXT 的同事十分诧异；然后我们讨论公司如何运转，但是很快发现这个想法面临很多现实问题。那个时候，中国对我们来说似乎遥不可及。

　　一个月后，我和同事坐在鹿特丹荷兰建筑学院的观众席上听演讲。演讲大厅座无虚席，那晚的焦点是中国。演讲者都是"中国专家"、空间规划师和社会学家。整个晚上他们都在讲述中国的建设计划和雄心，在荷兰人看来，这些计划和想法十分妄自尊大。然而我很确信"我们应该参与中国的建设"，并暗暗下定决心。中国对我们的吸引力越来越大。

　　通过周和其他联系人，我和很多中国建筑公司取得初步联系。

　　四周后，我收到四家中国公司的邀请。我和学生在柏林游玩时，收到了第五个邀请。我打电话给鹿特丹的公司，让它给我订两张机票，一张从阿姆斯特丹飞往香港，一张从北京飞抵阿姆斯特丹。两天后，我从柏林回到阿姆斯特丹，第二天马上飞往香港寻找合作机会。

香港、深圳、广州、上海和北京

青岛之行的五个月前

到达香港后，首先映入眼帘的是香港岛和九龙岛上鳞次栉比的摩天大楼和充满活力的港口，我对中国逐渐褪色却又熟悉的记忆此时在心头重现。在接机口，有人拿着标有"NEXT"字样的牌子等我。在去往宾馆的路上，我接到第一家公司的电话。我可以先去这个公司吗？征得同意后，我在行驶着的车后排换好衣服，四十五分钟后到达这家公司。一位自称"人力资源经理"的女士出来热情接待我。当时，CEO 不在办公室，但是其中一个副主管在公司，他希望在第二天出差前和我见一下面。副主管叫杰森，进来的时候拿着一卷 A0 图纸。

"人力资源经理"、"CEO"、"副主管"、"出差"……这些名词与 NEXT 的运行理念和方式相距太远。但是这些公司职位却在香港的建筑公司发挥着一定作用。我们互相介绍之后，便交换了名片，然后开始展示设计方案。杰森正在忙着做一个大型住宅楼的设计。住宅楼的很多部分还没有开始设计。他问我能不能帮忙。对此我有很多疑问，因为还没有见到公司的 CEO，我还不清楚我此行的身份。我问他知不知道我来香港的目的。我的话让杰森大吃一惊，他的回答是肯定的，他接着说如果他的话有什么不妥的地方，他向我道歉。我反而对他的反应感到很惊讶，但是我很快地回应道："没问题。"接下来我问他是否可以介绍一下他的项目。

他松了一口气，开始告诉我这个住宅项目的相关情况。这个项目沿一条千米长的轴线而建，在我看来，这条轴线没头没尾，它与一米半高的平台相接，平台下面是一个半封闭的停车场。他还没有划好台子与地平面的分界线。他问我明天能不能做一些设计提案？我不断说着"没问题"表示同意，这句话看起来让他很高兴。

吃完丰盛的午餐之后，我便在导游的陪伴下参观香港，然后又吃晚饭，度过了一个无眠之夜，第二天我开始着手设计杰森的项目。在和 CEO 的会议开始之前，我只有三个小时的时间进行设计，而且由于时差的问题，阿姆斯特丹现在是晚上，我没办法得到 NEXT 公司同事的帮忙，只能独自完成这个边界线的构思。我想到两种设计：一种是用巨型楼梯来凸显界限，另一种是公园的蜿蜒小径划分界线。我用剩余的时间对轴线的布局做了设计。我用树木作对角轴穿过轴线，打破了空间界限的限制。在修改住宅楼的设计时，我一改传统的单一规划设计方式，在住宅楼的中间留了很大一块空地。

我把设计想法用电脑绘制成 3D 图，打印出相关信息，等待别人的评论。

桌上的电话响起，人力资源经理让我去 CEO 的办公室。我来到办公室，还没等我说什么，CEO 立刻弯腰递给我他的名片。然后我也从桌子上方递给他我的名片。他六十岁左右，精力充沛。人力资源经理告诉我 CEO 刚做完牙齿手术，术后当天不能说话。在她说这些的时候，CEO 递给我一张纸，上面写着"设计呢？"

我把打印图拿出来递给他，接着告诉他我的设计思路。看到我为平台和地平线的界线划分做的两种方案，他不断点头，在纸上写道"草图？"我问他这句话的意思，他又在那张纸上写"你能画一个草图吗？"我说能，其实我不清楚两个方案之间的关系。然后我向他讲述我对轴线的看法。接着我说我对住宅区的设计突破了传统思路，他在纸上写"这是不允许的"。为了寻求多样性，在方案中，我通过削弱轴线的纪念碑性来体现核心作用。他写道"我不喜欢这个做法"。最后他在纸上写了三个字——"谢谢你"，然后 HR 经理把我送出了办公室。

我该怎么办？

第二天我在直升飞机上俯瞰香港，在导游的陪伴下观光旅游、吃饭唱歌，公司承担所有的费用，我玩得筋疲力尽。当天晚上我和 CEO 在酒店的旋转餐厅会面，他现在可以说话了，这让我松了一口气，但是这种放松很快被别的东西取代。

我们之间的谈话进行得很艰难，他给我提了很多难题。我感觉这些问题十分有挑战性。我问他如何看待我们的合作前景、我们怎样达成一致目标。他说合作"相当相当困难"。我心里得出一个结论：这不是一次对于合作事宜的平等谈话。正当我努力地压制这种想法、寻找突破口来谈论合作事宜时，他突然向我道歉。他看了好几次表，然后说还有一个约会。亲切的告别以后，CEO 离开了，一些高层人士和人力资源经理仍与我在一起。夜幕开始降临，没有人想多做停留。那一晚，我的脑海中一直有这样的疑问：我们的活动日程是怎样安排的？我们为什么被邀请到香港？

第二天早上，HR 经理带着一个议案过来了，直接问我："你愿意独自一人在这里工作吗？"我十分坚决地回答"不愿意"。我之所以这么回答，是为了发泄我的烦扰和不满，因为我感觉被骗了，也可能是我自己太幼稚，也可能这两种都包含。

这次经历是一个教训，在我去中国的深圳、广州和上海的公司时，我一直记着这个教训。每到一个地方，都有相似的会议、惯例以及极其相似的设计方案和项目。每一个公司都会对我测试检验。其中广州的一个测试题目最为典型。他们要求我在一天内设计一个三十万平米的住宅楼盘。而且其中还包含为项目的业主建一座办公楼。为了掌握更多设计信息，我首先同办公楼方面取得联系，然后我把所有的信息以及第一个电脑模型发给 NEXT。通过电话我和 NEXT 同事们讨论项目设计，等到第二天早上我醒来时，他们已把整个办公楼的设计方案发到了我的邮箱里。有时候你会惊讶地发现你可以有效地利用时差，尤其是你和同事已经一起工作了多年。这家中国公司似乎对这个办公楼设计很满意，但是他们偶尔也会问起住宅楼的设计方案。

在我抵达上海的那一刻，我更加确信我们应该在中国开设分公司。我通过 Google 找到一家在阿姆斯特丹设立的汉语学校，通过邮件询问他们有没有汉语的精读课程。在飞往北京的飞机上，也就是在前往最后一批公司的行程中，我圈出三个最有合作可能的公司。

同样，也有司机等在北京机场接我，手上拿着写有我们公司名称的板子。他什么话也没说，直接带我来到车上，然后向一个酒店驶去。一家建筑设计公司的员工在酒店接待了我。她很和蔼，年近四十，自我介绍是李女士。她略带歉意地说她不是一名建筑师。我登记入住酒店后，我们参观了这家公司的建设工程。第一个是理查德·迈耶式的办公楼，第二个是青年公寓，楼宇非常密集，第三个是一栋住宅楼，虽然刚建成一年，但是已显得破旧不堪。

午饭过后，我们依然马不停蹄。轿车停在一栋写字楼前，我被带到了四楼。通过告知，我知道这家公司在四楼、六楼、七楼和九楼都有办公室。在四楼，我在带领下路过"名誉之墙"，墙上都是一些设计作品。同往常一样，我在一个展示室里耐心等待，不知道将会发生什么。凭着记忆，我数了一下自从来到中国后参加的会议数量。

李女士进来了，后面跟着六个人。

我被介绍给胡女士，胡女士是公司的 CEO，领导力非凡。他们都坐在我的对面，胡女士用英语问我对他们项目的看法。我说"很好"，这次我做了十分肯定的回答。她对我的回答很惊讶。她浏览了一下我们公司的文件后，问我有什么期望。我告诉她在文件夹里有一封信，问她有没有时间看。她拿出信，仔细看了看信上的信息，然后说"好的，没问题"。这让我很惊讶。

她又问我："你还有什么要说的吗？"我说我想先和他们工作一天，也就是第二天一起工作，以便测试我们之间的合作默契。她认为我的想法挺好，然后又问我喜欢做什么样的项目。我回答"公共建筑"。"很好！"她说。

她的肯定回答让我释然，也让我看到了希望，激发了我对建筑设计的激情。回想起 DHV 对我们的总结，就像一把达摩克利斯之剑一样悬在我们心头，让我们灰心丧气。现在我不禁十分兴奋，久久不能平静。

坐在对面的陈先生——公司的副总经理，用英语邀请我参观公司。几分钟后，我跟着他在办公楼里穿行。这个办公楼很显然已用了很长时间，里面人来人往，有些嘈杂。办公楼的各个部分则是随机拼接，毫无章法。在陈先生狭小的办公室里，两个人共享一张办公桌，空间太小，人们几乎无法自由活动。我向陈先生要文件，就像在上海时一样，我们先迅速浏览一些设计图。看完最后一张图后，陈先生请我去一家酒店的旋转餐厅吃晚饭。那一晚我睡得很香。

第二天，我来到酒店大厅，这家公司派人来接我。这家公司把我领到一个办公室，这个办公室是一间五平米左右的小房间，办公室的电脑旁边摆放着一张桌子、三把椅子。其中两把椅子是闲置的，因为玻璃隔板和桌子之间根本没法走进去坐下。桌子上放着一卷草图纸、很多签字笔和铅笔。这就是我今天的工作室。陈先生进来和我热情打招呼，然后告诉我他们有一个很吸引人的项目——建一个占地五万平米的酒店，酒店依山傍水。陈先生旁边还跟着一个项目经理，经过介绍，我知道他是蒋先生（这个人后来成为我们公司在中国的合伙人）。我们三个浏览了图纸，但是我基本没有得到什么信息。他们没有提供酒店的位置图片。

此时正是荷兰的午夜，我打算下午和荷兰总部做内部讨论，现在我只能单打独斗。这样一来，和香港之行相比，我手上可用的资料很少。我向中国的这家公司询问项目包含的各个部分、事先具备的条件、界线划分以及顾客的要求……但是他们总是说"你自由发挥就行"。我不断问他们这些问题，告诉他们我掌握了相关信息之后才能开始我的设计……他们用质疑的眼神看着我，然后说："你可以自由发挥。"

在一种令人不安、冷漠的气氛下，我只能对酒店"自由"设计。

我为酒店设计了一千个房间，然后定下每一个房间的尺寸，让它们都分布在走廊的一边。我认为八层是一个很理想的高度，这样酒店就不会对周边环境带来压力。基于这个设计，酒店就得长达 1500 米。第三步，我用走廊把酒店分成两半，这样就成了 750 米，但是它仍然有点长。第四步，我用中心庭院把走廊的两端连起来。现在酒店长 180 米，宽 60 米，我认为这已经很符合中国的要求和接受范围。下一步是要排除障碍，将中心庭院和周围壮

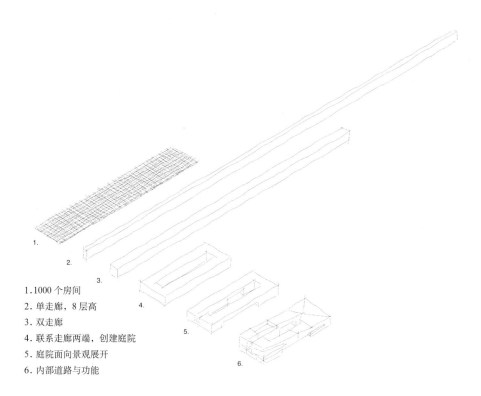

1. 1000 个房间
2. 单走廊，8 层高
3. 双走廊
4. 联系走廊两端，创建庭院
5. 庭院面向景观展开
6. 内部道路与功能

酒店设计的步骤

丽景色融为一体。最后一步是沿街设计一系列会议楼、餐厅和办公楼。这条街道可以从酒店入口处一直延伸到顶层，最后延伸到酒店的背面入口处。

就像在香港时一样，我把这些设计制作成三维模型，设定出一定数量的相机视图，并且打印出一些线框模型。我把 3D 模型修改了很多次，又用不同的部分把内容、庭院和体系区分清楚。为此我工作了三个小时，就像在香港时一样，我一如既往地等待着，不知道将要发生什么。

不一会儿，陈先生来邀请我吃午饭。我想得到一些改进意见，因此要求他先看一下设计方案。他请很多高级建筑师一起过来，大家坐在玻璃办公室外面的一张办公桌前看我的方案图。我向他们解释我的设计步骤，给他们展示我的设计模型，紧张地等待着他们的评论。等了很久，才有人说话，以致我都开始怀疑是不是自己的设计毫无优点和价值。

评论姗姗来迟。一位设计师说"很棒"。话音刚落，其他建筑师们一个接一个地说"设计得非常好"。我发现这些赞美没有实际意义，我想知道设计到底好在哪儿？但是他们并没有继续进行讨论。根据建筑师们所言，这个设计已经"足够好"，他们认为"设计步骤可以作为各种选项呈现给客户"！最后一句话一直在我的脑海里回荡。在荷兰，人们是无法理解最后一句话的，因此这句话让我愕然。你们为什么要把为最终结果服务的设计步骤以不同的选项的方式展示给客户呢？

那天晚上，我们又一起吃大餐。这次我和陈先生设计部里的员工相识、相知。大家情绪高涨，笑声不绝于耳，谈话开心惬意。在这个有一百多名员工的公司里建筑师寥寥无几，剩下的都是工程师和制图员，这让我很疑惑。但是我并没有表明我的疑惑。那天晚上，我真诚地感谢陈先生，同时我意识到我很喜欢这家公司。在这家公司，NEXT 享有设计自由，这家中国公司的技术实力强大。虽然无法做批判性的讨论，但是直觉告诉我们可以在这获得更多的发展机会。

这家公司叫做"HY"，它将成为 NEXT 的新合作伙伴。第二天，和胡女士做了简短讨论后，我向她表达谢意，并表明我很期待合作。她说，他们也很期待与 NEXT 合作。我们达成共识，我将尽快回到北京。

阿姆斯特丹

青岛之行的四个月前

回到阿姆斯特丹后，NEXT 的同事们也对未来的发展抱有同样的热忱。我们将从内部参与这些外部广受关注的项目——中国飞速进行的现代化建设。我们已对很多实际问题做了周密计划，我开始学习汉语精读课程，也更加确信我们采取这些措施的价值。

一天晚上，在施汉克家的阳台上，我们四个思考合作应该如何运转。我们打算每个人轮流在北京待半年，但是这个想法有很多不足之处。从学习知识、获得经验方面来看，这不是一个有效的方法。我们最后得出结论：NEXT 的工作重心仍要放在阿姆斯特丹。我可以把设计任务和北京方面对设计的反馈意见发到荷兰，然后 NEXT 就能在中国做出具体的建筑项目。

在中国，我突然想到我们可以把阿姆斯特丹的工作时间和北京的工作时间安排列在一张时间表上，这为中国的 NEXT 和阿姆斯特丹的 NEXT 找到了一种理想的工作模式。通过正确利用两地的时间差——根据夏季时间通常是六或七个小时，NEXT 的有效工作时间至少可以达到 21 小时。胡女士看到时间表时，她亲切地笑着问："阿姆斯特丹的建筑师一天工作这么长时间？"

我也把 NEXT 的理想工作模式介绍给中国的合作公司。这张时间表又加上了中荷国旗。根据时间划分，它包括四个阶段：提出设计理念、进行设计开发、绘制建设图纸和执行监督建设。这是根据中国的建设步骤划分的。虽然周先生此前告诉我中国独有的"执行监管"阶段不会出现在建筑师的方案上，但我还是把它列入了方案，因为我觉得一个建筑师要对设计的项目负责

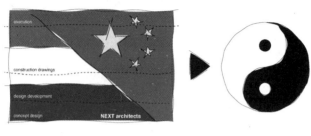

未来工作模式　　　　　　　　　　　　　阴阳

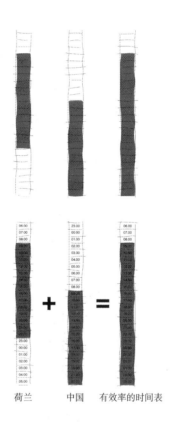

荷兰　　　中国　　有效率的时间表

到底。

　　根据 NEXT 和中国合作伙伴的职责范围，中国和荷兰方面职责不同。NEXT 主要负责项目前期的方案设计和改进，随着项目的不断开展，中国合作方则要承担更多责任。双方自始至终都要全程参与。在设计阶段，中国方面会提出一些想法；在施工阶段，NEXT 也要参与。

　　对我们而言，这种合作模式再理想不过了，我们用阴阳图来比喻我们之间的合作：优势互补。

　　看到阴阳图，胡女士再次亲切地笑了。

新　家

北京，青岛之行前的一个星期

抵达北京机场后，我穿过玻璃拉门，直接向接机的人群走去。很多人手上举着写着英语、俄语、汉语、日语、韩语和其他语言名字的标识。但是我没有看见自己的名字。然后，一个小女孩来到我跟前，用英语热情欢迎我："嗨，约翰，欢迎来到北京！"她自我介绍说她的英文名是艾米，然后带我来到停车场，一辆车在等我们。司机把我的背包和笔记本放到车的后备箱里。在从机场去市里的路上，我变得兴奋异常；但这只是一个开始，这只是"中国"探险的开始。我们将在中国打拼四个月，之后我们将会了解这次中国之行是否会有益于我们的未来发展。

轿车行驶途中，艾米问我荷兰人是不是很喜欢骑自行车。我不太明白她的意思，但还是做了肯定回答：是的，尤其是在一些古老的荷兰城市，人们无车可开，只能骑自行车。然后我忽然想起上次来北京的时候，为了考察公司的周边环境，我借了一辆自行车。艾米打断了我的思绪。她兴奋地宣布HY公司为我准备了一辆自行车，我可以每天骑车往返于家和公司之间。在她说这些的时候，车子正好超过了一辆中国式的载货三轮车，看起来它载重量很大，装什么都可以。我开玩笑说公司买的自行车是不是和这个三轮车一样。但是艾米没听懂这只是个玩笑，因为她接着问我想要用它来运送什么。

车子正驶往我的新家。三周前，我在拉脱维亚收到北京方面发来的邮件，他们给我找了一栋新公寓，并附上四张照片让我过目。邮件上说"人济山庄是北京一个很著名的小区，公寓旁边有公园相伴，名湖相依，美不胜收"。

看了附带的周围的风景图片以及厨房、卫生间和客厅的图片后，我马上回复说"这个公寓看起来非常完美"，但是我从网上搜索不到这个山庄，也不知道它的位置。

艾米在车里指着外面的一栋楼说："你的新家就在这儿！"我向外看去，两幢鲑鱼色的高楼并立而起，楼前有一个大门，门口两侧各摆着一只石狮子。我的新家在17楼上。

打开公寓的大木门，一进门口就是客厅，门的左边是卫生间，一个小型厨房位于走廊的一边，卧室在走廊的最里头。卧室有一个露台，发给我的照片正是在此拍摄。这个住所进深大约有20米，客厅里的唯一一扇小型窗户只占据了墙壁众多凹陷部分的一小块地方。房子很新，地上铺着木地板，墙上挂着世纪之交时期纽约的图片。我对艾米说："真漂亮！"脑海里却是我在阿姆斯特丹的住所，它位于一栋建于20世纪的大楼上。

我们来到地下停车场，查看我的新自行车。门口的警卫看到一个外国人骑自行车，都露出了诧异的神情。见此，艾米高兴地笑了，然后向我解释道："你是这儿唯一一个外国人。"我不知道该说些什么，只是笑了笑。

和艾米他们道别后，我上楼收拾东西。半个小时后，我开始骑着自行车游览这座新城市。北京和阿姆斯特丹的规模迥然不同，北京有1500万居民，阿姆斯特丹只有70万；北京有六条环路，而阿姆斯特丹只有一条。我的脑海里都是这些数据对比。北京和阿姆斯特丹在道路和高楼的规模数量、人口数量、城市色彩和气味上截然不同。

这里有很多事情需要探索。

大项目

我上班的第一天，一切都准备就绪。一种竹科植物——"幸运竹"已经摆放在我的办公室里，人们告诉我竹子长得越快，我挣的钱就会越多。那个时候，我在脑海里搜寻，却找不到具有相同象征意义的荷兰植物。

我坐在办公椅上，忽然发现我的小办公隔间正好在走廊的尽头。每一个进入房间的人和在办公桌上工作的人都能透过玻璃隔墙看到我。我向陈先生抱怨我的位置太显眼了，他的回答是："对啊，这样每个人才能看到国宝！"

就像艾米在车里听不懂关于自行车的那个玩笑一样，我也没明白陈先生的话。

有人招呼陈先生过去，然后陈先生就从我的办公室门口消失了。我坐在椅子上，四处打量。桌子上放着备用的圆珠笔、几卷草图纸和一个大计算器。我正要从包里拿出笔记本电脑，陈先生回来叫我一起去"大型"会议室。

两个年长的中国人已在会议室等候。我应邀入座，胡女士随后赶到。她热情地欢迎我的到来。陈先生告诉我那两个年长的先生也是"副总经理"。他让我向他俩介绍一下自己以及 NEXT 建筑师事务所。我向这两个老先生点头示意，然后迅速介绍 NEXT，介绍我们项目之中蕴含的设计理念。

不到十分钟的介绍完毕后，我看着那两个先生，等待他们的评价或者提问。但是没有人说话，陈先生对我说他们不会说英语。因为我一接到陈先生的建议，就马上开始介绍，而且介绍得很快很多，陈先生根本没有机会把我说的话翻译成汉语。

幸运的是，他们邀请我全方位地参观公司，这缓解了之前的尴尬。我接受邀请，参观了很多部门，陪同人员告诉我每一个部门的职责。我们经过艾米所在的营销部时，陈先生和其他人寒暄了几句，艾米告诉我她在 HY 的环境下无法在"建筑市场"中自由徜徉，因此她要辞职。我没有时间回应艾米：艾米看见陈先生向我们走过来就匆忙地回到了办公桌上。这是我第一次见识中国办公室的等级制度。

陈先生继续带我参观，我们在一个大比例模型前停下了脚步，模型歪歪斜斜地立在许多半大的档案柜里。比例模型刚运到公司，上面有一半还用塑料薄膜包着。我们一起把那一半塑料薄膜拆下来。映入眼帘的是一个由建在一个墩座上的五座高楼组成的大工程。

"这是个大项目。"陈先生笑嘻嘻地说。我问他怎样才算是"大项目"。"这就是个大项目，"他又笑着重复说，眼睛里闪着光芒，"建筑面积有 20 多万平方米。"

我回到办公桌，安上网络视频摄像头，以便我和阿姆斯特丹方面联系。

在安装的时候，我也在思考那个"大项目"。陈先生为什么这么看重这个工程？我认为这个项目不会引起建筑师的兴趣。这种大型的商业建筑项目会面临怎样的建筑挑战？然后我想起在"世界大都市图像"之行中，我参观过香港的OMA。一个项目经理向我们展示了香港岛上一座摩天大楼的设计图。"这个建筑给我们的设计空间仅仅是结构外部的30厘米（也就是整个建筑的幕墙部分）的范围。"她说。高楼的背后是纯粹的经济利益，她补充说。"你怎样在这仅有的30厘米的范围内去设计，并让建筑看起来很有趣？"她大声地反问自己。

我从办公桌的后面透过玻璃隔板可以看到其他工作间。当工作间里因为活动而嗡嗡作响时，陈先生称这种场面是"放松休息"。下一周是中国的"黄金周"，全中国都会放假一周。

大约下午六点钟，我骑车回家，我骑得很慢，仔细观察着周围的环境。街上没有一点我在阿姆斯特丹所了解的中国特色的东西。当天晚上，我去了一家离我家不远的饺子馆。我不认识菜单上的字，我尽量用学会的汉语向服务员点菜。她听不懂我的话，不断地重复问题，同样，我也听不懂她的问题。几次尝试之后，她离开了。十分钟后，服务员端上一斤半水饺。

四个月之内动工！

青岛之行的一个星期后。我发给阿姆斯特丹的 NEXT 的邮件：

"伙计们，开始庆祝吧！"

今天我接到正式通知：NEXT 建筑事务所在中国的第一个项目将会在四个月内破土动工！更出乎意料的是项目的设计还没有完成！

新工程的名称是"柳明"——我把它的汉语名字解读为"留名"，象征着"良好的信誉"——一种介绍项目信息及项目单元的营销场所，总建筑面积 2300 平米，三层楼高，最高可达 12 米。

在项目完成前，先建一个销售中心，这样潜在的客户就能从那儿了解将要问世的产品，这是一种典型做法。开发商会在销售中心上投资很多钱，因为顾客通常认为销售中心的质量代表着工程本身的质量。这些中心都会使用特殊理念和材料。这是一种商业吹嘘：一切都为销售服务。比如说，大型的比例模型将会向顾客展示，甚至是 1 ：1 的房间实体模型。

这个项目是即将建在西五环附近的住宅区。它很特别，看起来像别墅类的社区，但是实际上建筑的分布比较稠密。他们把这些称作"联排别墅"。项目的位置给项目带来了比较好的环境品质：其周围有很多古树，还有美丽的山景。有人告诉我，在中国，古老的树代表悠久的历史，山则有神秘的意味。

我们有两周的时间提出一个理念设计，然后向客户做第一次介绍。此后，我们可能获得"调整设计"的机会，一个月后上交最终设计方案。

努力把它做好！

re：四个月之内动工！

今天我们开了一次内部会议。出席会议的有胡女士、陈先生、蒋先生、岑先生和一些高级建筑师。我认为应该尽可能多地保留原来的树木，把要建的大楼当作树木的天花板。用这种方法，就可以保留原来的路线，形成新的有趣关系，因为现在很多树木种在天井和半露天的庭院里。

"非常有意思！"大家评论道。

换句话说，就是这个方案可以实施。明天我会收到标注树木位置的 CAD 文件，这样我们就能制定大楼的明确方案了。我今天会研究一下外观设计——你是否能够开展一下高差关系的研究？怎样用巧妙的方式连接地下一层和一层（在中国称为一层和二层）？！

re：re：四个月之内动工！

我刚从客户的介绍会上回来。客户姓马，随身带着六个助手。我不知道他们认为我们设计的"银森林建筑"怎么样。客户可能被我们的建筑结构图搞晕了，不知道怎么处理。唯一一个问题是："这是现代荷兰建筑吗？"只有他的一个助手提出了疑问："当冬天树叶落尽的时候，这个建筑也会像设计中的一样美观吗？"马先生说他现在无法抉择，等他详细汇报给上级后，就告诉我结果。

一回到办公室，陈先生就告诉我我们应该继续加快设计进程。胡女士也来到办公室问我要设计方案看。然后她用汉语问了陈先生点事，我猜她是问介绍会进行得怎么样。我听不懂他俩在说什么，但在他们的谈话过程中，我在翻译电脑上打了"绿灯"两个字，然后用电脑把它翻译成汉语。见此，胡女士和陈先生不约而同地笑了！

因此，继续设计吧！我会列一个待办事项清单，咱们网上视频见！

re：re：re：四个月之内动工！

目前为止，我已给马先生作了三次报告，"银森林建筑"最终被业主否

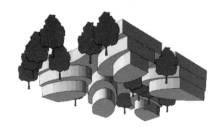

整个建筑

从下面看

三层

连接全部入口建筑

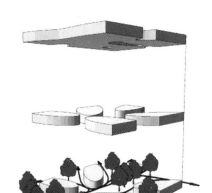

二层

建筑体量增加

一层

开放的景观与五个入口建筑

决了。

一刻钟之前，陈先生来我办公室告诉我他们"最终"还是不认可我们的设计。我们的设计中，上部两层上的建筑面积"太大了"，而地平面上的建筑面积"太小了"。抽象的树叶状外观也是一个"问题"。而且，很难把建筑建在之前的小树林旁边。事实上，这些评论否定了项目本身代表的一切。

这仅仅是令人感到不可思议的事情的开始。

我问陈先生这是不是意味着我们还要做一个新提案，他回答说："可能吧。"

马先生明天会来公司看新的设计。HY 也在做一个方案。我在写这封邮件的时候，我看了一眼高先生的电脑屏幕，高先生是一个高级工程师，此时他腿上放着一本书，正在抄袭书上的高尔夫俱乐部的设计。

等你们睡醒的时候，我们能尽快通电话，把事情分配清楚吧？

re：re：re：re：四个月之内动工！

"你熬夜工作？！"陈先生吃惊地问我。我们正要去会议室，马先生和他的助手在等我们。高先生已在那里准备好了笔记本电脑。我和陈先生就座后，高先生开始介绍设计方案。他把平面图从左下方到右上方挨个介绍了一遍，我认为他的介绍毫无逻辑。然后他又向大家展示了 CAD 平面图，然后是一些参考图像。他很精心地把所有的参考图像放进了设计中。

然后就轮到我做介绍了。我分三步介绍了设计中的新构思。首先是功能规划——展览、办公和服务。随后，开发商对这种项目的定位决定了展览空间可以放在办公室部分，而服务区则被"挤"进了地下。第三步介绍穿过屋顶直到最高点的公共路线以及沿着比例模型的内部逐步上升的通道。上升的通道与山相依，从山的有利位置可以俯瞰新的住宅区。

在我们作介绍时，马先生貌似不怎么认可我们的设计。他给陈先生说他们打算把销售中心改成咖啡厅，我们的设计不能满足这个要求。我说通道这么宽阔，每一个梯级上都可以摆放桌子椅子。他说从最高端可以看到高压线指示塔。陈先生说这对销售不利。我说人们可以从最高点上欣赏山上的景色。

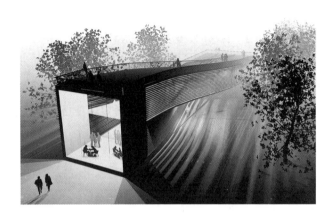

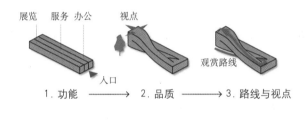

展览 服务 办公　　　视点

入口　　　　　　　　　　　观赏路线

1. 功能 ——→ 2. 品质 ——→ 3. 路线与视点

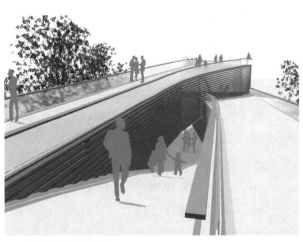

销售中心参观路线

马先生说他决定不了，等他向上司汇报后，再告诉我们结果。和这些无法直接做决定的客户谈话，让人觉得没有成就感。

总的来说，我只记得某一刻，我从马先生的表情上读到了答案。那一刻就是我第三次重申观点的时候。

让我震惊的是，整个建筑区域的周围要建上围墙。围墙也要由建筑师设计。用围墙把整个社区与城市隔绝开来，或者是把城市与整个社区隔开，与我作为一名建筑师在公共生活和城市生活中的观点完全矛盾。我讲了一下我的实际经历：我现在就居住在有栅门的住宅区里，这让我觉得很不真实。尽管还是无法理解这种观念，最后我还是保留了自己的最初的想法：我现在是在中国，可能围墙设计也是一种我未曾发现的特色。

但是，我不能隐瞒我对主入口的设计想法。一大批生活设施——超市、饭店等——都要建在大路的后面。但是如果把它们建在大路的后面，就只能方便小区里的住户，对周围的居民来说没有任何意义。把大门换个位置，让生活设施更方便到达，充分发挥自己的固有价值，真正造福大家，这样不是更好吗？

有人问我："你对马先生还有什么建议？"于是我便发表了上述评论。我解释我的观点的时候，没有人搭理我。第二天，我又在会议上主动提起此事。对于回答，陈先生翻译过来就是："他们会考虑的。"

第三次会议上，我又主动提出一些建议，这也是我最后一次尝试。我打算用新旧观点说服马先生。他脸上的表情很吓人，这是我第一次碰到中国人发飙。房间里的人个个神情凝重，不敢互相直视。然后马先生稍微提高声音说了几句我听不懂的话，但是根据我平常听到的推断，他应该是说刚才太激动了。总之，马先生在不到十秒钟的时间里，阴晴变化不定，最后马先生板着张脸看了一眼陈先生，陈先生又反过来生气地看了我一眼。

我和马先生的关系平平，因此，我和陈先生的关系也承受着很大的压力。

但是没有摩擦，就没有未来，或许摩擦是突破不足的一种更为良好的方法。

re：re：re：re：re：四个月之内动工！

"柳明"设计没有通过。

陈先生说："太奇怪了。"他提到一个中国成语，他告诉我现在很多中国客户都是"叶公好龙"。当真正看到龙时，他们却被吓得不知所措。

"那我们的构思就是龙啊？"我有点生气地问，心里暗自想着怎么回应他的回答。

陈先生看都没看我，继续说："可能你的设计图不适合中国市场。"他回答得很微妙，却又很实际。

问了几个问题后，陈先生建议说："中国的客户喜欢看细节，你要把灯光、旗帜、颜色之类的细节标在设计图上。他们不喜欢太简单的透视图！"然后他又就项目文本给我一些明确的建议，"越厚越好"，对于比例模型，他说"越大越好"。

不要太简单？越厚越好？越大越好？

我保留自己的观点——即使他的建议很有意义。我怎样把建议用自己的语言概括出来呢？"中国的客户信奉眼见为实，不多也不少？"

天空没有界线

　　首先，新的中国合作伙伴没有对设计做任何反馈，似乎是让我们完全自由设计。但是三个月后，从已经做完的三个项目来看，这种自由限制了我们的设计。

　　在荷兰，我习惯评论设计，在与他人的探讨和交流中寻求问题而进行设计。NEXT 就建立在这种原则之上：集体绘制设计图，其成果不是各个部分的简单相加。另外，这样也能避免个人主义。但是个人主义在中国却有更多含义，再加上中国人认为"外国的月亮格外圆"，所以什么决定都要"由我做"，他们也不会公开质疑我的决定。然而，我不做讨论就不能做出设计和改进设计，也绘制不出可能的界线。我碰到中国同事就跟他们谈话交流，但是一旦涉及到我的设计，他们都不做评论，只会说"非常、非常好"。我把同事毫无意义的评价说给陈先生听，结果，他提出了一个"新的意见反馈形式"：项目现在的状况是：（1）"好"；（2）"非常好"；（3）"非常、非常好"。

　　设计得不到反馈信息，就会缺乏现实感。中国的传统观点认为一切皆有可能，但现在却不足为信。"中国是建筑师的运动场，"在上海时一个中国建筑师对我说，"我的试验地却不在中国。"我在想是不是他只是讲了我想要听的话，或者我只是听到了我想要听的话？

　　我坚信我表达的很多想法别人都不会理解，一方面是因为翻译问题，另一方面是因为我们的想法在中国什么都不是。最近的一次介绍会上，我大约用了十句英语解释一个概念，结果被译成了："这是入口。"女译员拿着激光笔胡乱指着设计图上的一处说。

"这是入口。"至少我知道了这句中文。

我一直在探索表述项目或想法的有效方式。英语中的"概念"和汉语中的"概念"含义不同。每个人都在寻找"新概念"。但是中国人所理解的"概念"与我们西方人理解的不一样。西方的概念大多和条件联系在一起，中国的概念大都与意象和形式相关。通常，中国的概念指的是详细绘制的建筑设计图。中国的概念是完全物化而且详细的，简单来说就是一个能够展示出来的建筑。

另外一个不确定问题也让我很苦恼。NEXT 和 HY 有什么共同的建筑理想？虽然我已经从 HY 的文件中了解到他们就是想做"大项目"。我不太喜欢大项目，对于怀有远大抱负的建筑师来说，这类项目根本满足不了他的雄心壮志。

问题始终没有答案，一切都不确定，我最不确定的是我是否要深入地了解中国。

在一次晚宴上，一个在宝马工作的德国人对我说他们曾经打算在中国市场推出一款新车。为了推广新车，他们试图用几十个潜在的购买者来测试它的商业价值。广告视频中有八个飞行员。他解释说 8 在中国是一个吉利数字。飞行员登上未来式飞机，开始表演各种不可思议的特技。然后，飞机着陆，飞行员分别上了 8 辆宝马车，朝四面八方驶去。制造商问买主这个广告的内涵，几个中国人异口同声地回答："这是一款为飞行员设计的轿车。"

晚宴上共有六个西方人，我是唯一一个建筑师，但是我们的看法却惊人地一致：中西方的想法不只存在一点差异，而是相当大的差异。开飞机和开新宝马之间有直接关系，这难道不是一目了然吗？

我之前曾经和一伙在中国工作的外国建筑师吃饭，他们来中国的时间有长有短，各不相同。出席饭局的有几个法国人、两个德国人、一个瑞士人和一个意大利人。那天晚上大家玩得很开心，我们交流了很多在中国遇到的语言交流问题、无力感、不确定性和一些其他文化差异。

那个意大利建筑师因为和绘图公司有约，一点钟的时候就先走了。他要设计一个别墅区，别墅旁边是小河，距离北京几个小时的行程，他说那是个不错的项目。他接着说在中国做设计需要下大工夫，因为"客户能够察觉到你是否在用心做设计"。

其中一个德国建筑师的公司做了一本中德词典，里面都是些选出来的词汇。这个想法源于一家美国公司，因为语言交流中误解带来很多麻烦事，他们就做了一本"文化词典"：

"明白"指的是"there is understanding about what has been said 明白了所说的话"；

"可以"指的是"it is possible 有可能"；

"同意"指的是"agree 赞同"；

"对"指的是"correct"、"good"、"I see"（"正确"、"好"、"我知道了"）；

上述几个词也可以译为"yes"；

"也许"指的是"maybe 可能"；

"可能"表示"比 maybe 可能性更大一点"；

"maybe"可以理解成"yes"、"no"或者"maybe"（"是"、"不是"或者"可能"）；

"可能很困难"表示"no-go 不行"，但是我已经从实际经历中掌握这些了。

其中一个法国建筑师的态度很有讽刺性。他比我们早两年来到中国，已经知道怎样对付"无力感"。在杭州的一个项目中（杭州在上海的西南方，有几百万人口），他负责城市扩建中的一个中心广场的设计。在详细研究广场在中国的意义之后，他打算建一个红色广场，整个广场外观像抽象的星星，代表中国的国旗。

客户当时很满意，但是介绍会过后，他又觉得红场设计"可能"政治色彩太浓了。毕竟，它是一个商业性广场。

法国建筑师重新尝试说服客户接受这个设计，但方案还是没有通过。客户高度赞扬星星形的设计，认为它很"辉煌"，并让他想到了洛杉矶的星光大道。

法国建筑师很失望，于是他又根据盲文"I want to be red！"重新设计了星星状的广场。他把新的设计拿给客户看，什么都没有说。客户对设计非常满意，现在这个项目正在建设中。

我听得很入迷。但是他的故事使我意识到一个现实状况：这种态度表明建筑师在建筑界中的地位与我的预想完全不同。

二　对话

Dialogue

支　柱

　　中国的人际交往特点无外乎是彬彬有礼、热情好客和友好待人。第四点也很重要，那就是谦逊。外国人对中国的礼仪教条十分熟悉，涉及到忽视礼仪带来商贸纠纷时，外国媒体也经常提及中国传统礼仪。

　　我生日那天，HY 在一家西餐厅订了酒宴。我们将近三十个人，共享同一桌食物，就像中国的家庭共享饭菜一样。每个人都用英语说了几句简短的恭维话，最后说希望能从我身上学到一些东西。每个人说完后，我都会亲切地表示感谢，然后谦逊地说希望我们可以在以后的工作中共同进步。

　　我要了几瓶香槟酒，我们共同举杯庆祝快乐幸福的生活。"快乐每一天！"有人这样喊着。晚饭过后，我们一起唱卡拉 OK 唱到天亮。"生活本应如此。"另一人说道。

　　几个星期之后，我代表 NEXT 送给胡女士一个自制的天花板样品，表示我们的"友谊和共同理解"。这是一个又大又抽象的道路图，长宽各五米，是北京典型的同心圆道路结构的展现。地图上标注着 HY 曾经建成的项目，地图上有很多空白，留着标注以后共同合作的项目。

　　对于我的礼物赠送，胡女士看起来喜出望外。

　　借此机会，我故意大声表达未来合作的美好愿景，然后问胡女士对将来合作前景的看法。

　　她温柔地笑了笑，说："我希望将来的合作一片光明！"

新同事

胡女士是 HY 公司的所有者和创建者。据我所知，她大约四十岁，学习过一些建筑管理的课程。差不多在我到来时的十年前，她创立了 HY，现在拥有 100 多名员工。

胡女士具有中国领导者的典型特征，她外表文静温和，内心却坚如钢铁，这一面只有在谈判桌上才会体现出来。她十分自律，只言片语中流露着权威，她随便看一眼，员工便知道该怎么做。

她正试图为公司找一个发展理念，但是我却不理解她是怎样运用的。举个例子说，她的公司理念十分灵活，根据不同客户的要求不断进行调整。中心理念是提供"服务"，而且总是强调掌握一个高效的工作方法。

HY 复制了美国的运营方式，正如我被告知的那样：每个人都有固定的工作计划和责任，固定工作的重复会带来效率。我不知道美国人怎么运作，我也不知道这种运行模式会给建筑公司带来什么好处。

陈先生是公司的副总经理和建筑师，在 HY 刚成立之初，他就在此工作。我估计他已近不惑之年。他在 HY 掌管"方案部"，手下有几名建筑师和一些制图员。我和陈先生工作接触最多，他帮我联络我们的项目客户。他是我仅有的反馈信息的几个来源之一。

陈先生没有坏心，却十分狡猾，我和他之间有密不可分的关系。对他来说，我既是机遇又是威胁，我是一个机遇是因为我的到来可以提高设计部的效率，因为他曾承诺要"学习我的工作方法"，另一方面，我是一个威胁是因为我会带来改变。改变在中国意味着会带来很多麻烦，人们往往不会去找麻烦。陈先生并没有明确表明我具有双刃剑的影响，他对我很热情，耐心地给我讲解，却从来不对我确定的事情给出坦率的意见。

陈先生很好地体现了中国经理人的灵活。我来到 HY 后，公司进行变动和重组，在三个月之内，他也从一个天天穿着传统制服（十分保守的西装）的员工，变成了穿着最时尚的经理，并剪了一个十分"时尚的发型"。

他对我很好，我也开始与他建立深厚的关系。

高先生出生在中国南部的一个小村庄，直到 19 岁才亲眼见到外国人。作为一名高级建筑师，高先生负责 HY 的一些大项目，也是我们合作项目的后援。我们提出建设方案时，他也会提供备用方案，增加设计采用的机会或者保留设计的细节。

高先生既懒散，又极度活跃。他百分之九十的时间用来看电脑上的 DVD 录像，在看 DVD 之前，他会玩中国版的"战舰"游戏，这个可能耗费他很多精力。我可以详细地知道这些事情，因为我一回头就能看见他的电脑屏幕。

在三十五岁的时候，他已是中国的新兴中产阶级的典型代表。他有车，电话响个不停，第二套住房租给一个美国人，已婚，有一个儿子。

他的设计速度快得出人意料。如果明天要完成一项设计，他可以立刻运转起来，倾其所能。他会将设计指标标注在总平面图上，很快地布置柱网并建起简单的立面模型。他以前学的是城市规划，现在却无所不能——室内设计、建筑设计、城市规划、方案设计和景观设计。他掌握建筑学和结构学知识，而且很不赞同抄袭。因为他认为，中国有五千年的文化，所有的想法都起源于中国。

高先生让我喜忧参半，我很赞赏他的工作效率，却无法理解他对合作项目的漠不关心。

蒋先生也是一名高级建筑师，三十五岁左右，在河南一个偏僻村庄长大。他对我说，在中国，无论机会多么渺小，你都要努力抓住它。

蒋先生负责 HY 每年都在增加的大部分项目。在我到来的前一年，这个数字大约有 150 万平方米。这是个繁重的任务，因为客户要求不可预测，市场也随之无法预测，这在我看来几乎没有设计的自由。当我说出这些顾虑时，蒋先生的回答相当坚定。自从毕业后，他负责的项目中已经有 300 万平米的住房建成，3 万多个家庭已经入住。他做建筑是为了这些住户，而不是他所谓的"个人艺术梦想"。

如果不考虑建筑不应只为一个目标服务这个观点，蒋先生的观点很难反驳。

在这个正常的冲突的基础上，我和蒋先生开始建立起稳固的合作关系。

调查问卷

为了更好地了解同事，使我们的设计一致，我在公司里组织了一次小型调查。我现阶段经历的简短报告往往都是单方向的，因为个人观点很少会被公司采纳。现在经历的这些可能是由于等级制度或等级思想，在荷兰，这会引起人们的恐慌。进行问卷调查的想法正是源于这种经历。通过让人们对提出的问题发表直接看法，可以在幽闭可怕的等级制度下找到一片自由空间。

通过贾女士，我把调查问卷发给三十个同事。调查结果如下：

01. 中国的前五位建筑师？

　　1. 贝聿铭

　　没有其他人了

02. 世界前五位建筑师？

　　1. 赫尔佐格

　　2. 雷姆·库哈斯

　　没有其他人了

03. 世界前三位已故的建筑师？

　　1. 弗兰克·劳埃德·赖特

　　2. 勒·柯布西耶

　　3. 阿尔瓦·阿尔托

04. 最有名的建筑评论家？

没有答案

05. 北京最现代建筑?

　　1. 鸟巢（奥运会主体育场）

　　2. CCTV 大楼（中国中央电视台）

　　3. 水立方（奥运会游泳馆）

06. 世界上最现代建筑?

　　1. 鸟巢

　　2. CCTV 大楼

　　3. 水立方

07. 北京最著名的历史性建筑?

　　1. 故宫

　　2. 颐和园

　　3. 天坛

08. 世界上最著名的历史性建筑?

　　1. 故宫

　　2. 颐和园

　　3. 天坛

09. 北京最差的建筑?

　　没有答案

10. 世界上最差的建筑?

　　没有答案

11. 最好的材料?

　　1. 玻璃

　　2. 钢铁

　　3. 木头

12. 别墅、楼房、公寓，哪一个好?

　　1. 公寓

　　2. 楼房

    3.别墅

13.汽车、火车、地下铁、自行车、徒步，哪一个好？

    1.汽车

    2.自行车

    3.徒步

14.用一个词来形容中国梦？

    1.快乐

    2.丰富多彩

    没有其他答案

15.用一个词来形容北京的未来？

    1.快乐

    2.丰富多彩

    没有其他答案

如果以这个调查结果为代表，我们至少可以得出两条结论：第一，中国的建筑学参考范围仅局限在中国；第二，中国没有形成良好的建筑批判主义。

第一个结论与我所设想的情况截然相悖。公司的书架上摆满了建筑学书籍，书籍经销商每周都会来办公室几次，每次都用手推车装满一摞摞的书籍。这些书可能在阿姆斯特丹买不到。

中国的建筑学著作的内容很少，大都是图片。而且，无一例外的是，书的质量和价格不禁让人觉得存在出版盗版建筑书籍的大型机构。我曾经看到高先生陶醉在 DVD 中的样子，现在人们可以买到和书籍内容一致的 DVD，而且价格比书籍要便宜："书本比 DVD 贵多了。"因为所有的东西都在 DVD 上，书本上的文字都没必要扫描了。在这个技术进步的状况下，高先生意识到要抓住机会巩固他的地位，他开始自豪地掌控公司里最大的网上图书馆，而且，不仅仅是图书馆在他的电脑里，他还拥有现代建筑世界的百科纵览。

如果参阅的主体比调查结果显示的范围要广，我的第二个结论又怎么站得住脚？

公司里的老员工十分保守，都不怎么会说英语，因此我们只能进行简单对话。我通常简单地问他们"好还是不好"，他们通常回答"好"或者"不好"，但是每一个回答前面都会加上"可能"一词。

看来每个中国人都知道"可能"这个英语单词，而且一直在用。因此，来到中国的外国人生活充满了"不确定性"。

年轻员工的英语水平比较高。然而，和他们谈话时，我还是要有意无意地简化英文。通过避免一种模糊的学术概念交流，比如"假设性事实"、"标志性噪音"、"代表性领域"和"后现代传统主义"，简短的对话才能持续。尤其在面对面讨论时，和我交流的这些同事十分坦率，根据荷兰的标准，他们可以被看做非黑即白的思想者。对各种情况的评判往往在几分之一秒提出，没能显示出多少专业性。

为什么这个情况没有在调查结果中显现出来？难道这只是因为在中国"不要太出头"，难道是因为中国谚语所说的"枪打出头鸟"？

我突然想到在我要求贾女士翻译调查问卷，然后发给同事们时，她问我："你想让大家都写上名字吗？"我认为这是个好主意。通过答案与其本人的结合，我会找到后期讨论的话题。

她笑着问我："我们会获得奖励吗？"

我认为她在打趣，因此我开玩笑地说："可能会。"

但是我的同事们真的认为这是一次有奖竞赛吗？如果那样的话，我越来越明白，在中国人的思维方式之下，评审团都想听到一些策略性分析，因此表达个人观点绝对是不合适的。在这个"有奖竞赛"中，我就是评委。我的想法被物质化，几天后，我的猜想得到了证实。贾女士巧妙地询问有没有评出优胜者。

通过调查问卷，我没有洞察到中国同事们的个人想法，而是发现了他们对我的看法。他们对我的看法，就像我对他们的看法一样，是有局限性的。

马斯洛

和陈先生午餐时的谈话

约翰：你听说过"马斯洛的需求层次理论"吗？

陈（想了想）：马斯洛？听说过。

约翰（画了一个图）：我认为这个图很有意思，我们想一下它怎么运作？

陈：对，一共有五份，不过怎样再次提出这种顶端理论呢？

约翰（用手机上的 Google 搜了一下）：它来源于人们基本的生理需求，就像健康和食物位于最底端，然后依次是安全、财产和尊重，实现自我位于最顶端。作为一名现代中国的建筑师，你认为你在什么位置上？

陈：在财产和安全之间，你呢？

约翰：哇，我不想妄自尊大，但我希望在最顶端——实现自我。

陈（很惊讶）：所有的荷兰建筑师都处在这个位置上？

约翰（想了想）：不全是，但大部分是。中国的建筑师也都和你在同一位置上吗？

陈（仍然微笑）：约翰，你要知道，中国是一个发展中国家。

约翰（也笑了）：我知道。

陈：但是你真理解其中的含义吗？

约翰：请告诉我。

陈：你知道，中国人口众多，人们没有安全保障。如果你生病去医院，你要付昂贵的医药费；如果你失业了，你就没有钱花；年轻人还要赡养父母，当父母年老时，还要照料他们。大多数中国人只允许生一个孩子，这个孩子要传宗接代，继承财产，承受很大压力。中国人的生活中充满了担忧和不稳定，我们不能依靠政府解决三座大山——教育、医疗和住房。

约翰：我的国家会给予很多福利，荷兰政府负责解决"三座大山"。对我来说，我有很多选择，选择学习的地方、旅行的地方、探索的地方……自由地生活、自由地思考。

陈：你知道我还在上学的时候就完成了我的第一座建筑吗？

约翰（十分惊讶）：什么样的建筑？

陈（笑了）：一个酒店。我的导师负责这个项目，但是他太忙了，就让我设计。

约翰：现在完工了吗？

陈（简述道）：建成了，还不算太烂。

约翰：你有酒店的图片吗？

陈：应该有，我找找看。

约翰：我做完研究后，不知道从何下手进行设计，我觉得我学到最重要的一点是分析性和概念性思考。

陈：你是无忧无虑的，这就是你位于金字塔顶端的原因。（担忧地）我希望我儿子以后也能在那个位置上！

约翰（笑了）：我也是，我也是。

陈（安静地思考）

约翰：岑先生上周说我在中国的生活相当惬意。我问他原因，他说我只需要担心建筑上的事即可，而在他看来建筑上也没什么好担心的。你知道他说这些话的内涵吗？

陈：约翰，这就是中国社会。我们所生活的社会是"狗需要兔子，驴需要磨"。

约翰：我不明白你的意思。

陈：你对建筑学感兴趣，这很好，但是他人有更多基本担忧。他们必须确认别人需要他们，你怎么称呼这个情况？必不可少的？就像"狗需要兔子"

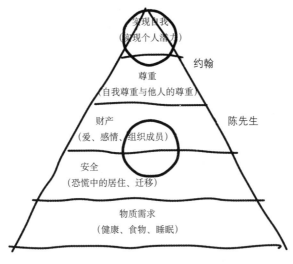

马斯洛需求理论示意图

一样，没有了兔子，就没有必要需要狗了。而如果狗杀死了兔子，同样也没有必要需要狗了。

约翰：你是说有些人在假装工作？

陈（笑了）：我是说中国人非常聪明，一些人不会把建筑设计当作最重要的事来做。

约翰：NEXT 就不这样。在阿姆斯特丹，我们都是以建筑为共同目标的好朋友。

陈：听起来真让人羡慕！你听说过"关系"这个词吗？

约翰：它指的应该是人际关系和共同利益，认识"谁"远比知道"什么"重要。

陈：是的！这是中国社会最重要的一面，只有通过关系，事情才能顺利进行。HY 成功的秘密就是"关系"。胡女士的人脉关系非常广，因此客户对她的服务都是好评，这也是很多客户找她服务的原因。

约翰：你是说一个这么大公司的资产掌握在一个人的手中，这种"服务"几乎与建筑设计不沾边？

陈（笑了）：我是说对一些人来说建筑设计不是最重要的。

约翰：这就是说建筑设计不是 HY 的最高目标？

陈：对一些人来说，建筑设计不是目标只是手段。

约翰（想了很久）：你还有什么话想对我说？

陈（想了想说）：北京不能代表中国，HY 也不能代表北京。

维多利亚

"嗨，约翰，我是维多利亚，如果你有什么问题，尽管问我！"

维多利亚说一口流利的英语，她不安地站在门口，她刚下飞机就来告诉我这个，她站在门口多少显得有点疲惫。她接着说："我姓袁，但是对于你来说可能维多利亚会比较好记。"维多利亚在深圳学习过建筑学，只要是与建筑相关的问题，她都能马上明白我的意思。而且，她学习能力很强，我们研究设计草图或观看电脑制图时，不等我问她问题，她已经做好了回答问题的准备。

维多利亚英文流利，建筑思维敏捷，除了陈先生之外，我可以通过她更加深入地了解中国。她并不对信息进行直译，而是思考怎样用多种方式翻译这些话。一有空她就教我学习汉语。她认为，我只有学好汉语才能更好地了解中国。

她很喜欢做报告会的翻译，在翻译过程中，对于一些重点内容，她脑子里似乎有很多问题。

她的见解为我尚未发现或者关注的问题提供了答案。

不幸的是，不可避免的事情很快就来了。她告诉我，"作为一名建筑师"，她想去外国学习。我饶有兴致地问她："你想去哪个学校？"她坚定地回答："代尔夫特。"我在推荐信中是这样写的："我向她推荐代尔夫特，向代尔夫特推荐她。"

去荷兰之前，她遵从家庭的建议，同男朋友举行了婚礼。她让我在婚礼上讲几句话。"我希望荷兰开阔她的眼界，反之亦然。"我说了几句耐人寻味的话。

她说："约翰，谢谢你。"她的父母站在她旁边，也用汉语说着"谢谢，谢谢"。我用英语说："不用客气。"但我其实想说一句汉语："早日归来！"

面子！

　　我们的第一个设计"柳明"不是很成功，在做完之后，公司给我们时间来消化其过程和成果。我猜这是公司为了从根本上缓和摩擦所采取的策略。策略的一部分就是雪藏这个项目。HY 没有对项目做评析的意向。这种沉默毫无帮助，正因如此，我不断寻找答案，尤其想从陈先生那里得到答案，以便明白在中国一些东西为什么能够行得通，而另外一些却不能。

　　陈先生给我一些形式上的建议，而且一看就知道是事先准备好的，他让我做设计时要符合客户的品味，把设计模型做得大一些，这样设计才能引人注目，我想从他的建议中挖掘一些深层的内涵。然而，我的问题太复杂了，人们无法简单地敷衍了事。事实上，通过陈先生的反应可以看出，我的问题让人很头疼。然而，不管是否受欢迎，我和 NEXT 的同事们都想要实质性的论点。

　　HY 和 NEXT、中国和荷兰之间的对话，由我做中间人，一旦双方开始建筑设计竞争，就会面临严峻考验。HY 提供所有项目的基本信息，我把筛选评估后的有用信息和之前画的第一张图表一起发到阿姆斯特丹。阿姆斯特丹方面收到信息后会和我商量，拿出一个或几个设计方案，然后发往北京。我把这些设计方案向 HY 介绍，得到反馈意见后，我对方案进行修改，然后再把方案发往阿姆斯特丹。截止日期到来前，我们一直都在重复这样的步骤。从开始设计起，我和阿姆斯特丹的同事们都在努力保护我们与 HY 不同的设计想法。

但这只是理论上。

现实情况复杂多变，为中国 IT 公司握奇数据设计总部的竞争的经历充分说明了这一点。

握奇数据是一家"新兴"公司，十年前它还不存在，两年之内，一座占地5.5万平米的总部大厦就要迅速崛起。我曾经去过这个公司，它位于一座不知名的大楼上，我在那里拿到了一张 A4 纸张的简报，上面是一些再普通不过的程序组件列表。然后我又参观了新总部的工地，工地已被夷为平地，一座"电子城"将拔地而起。然而，"电子城"还没有设计图。通过参观公司、浏览草图、参观工地，我没有得到一点对设计或者开始设计过程有用的信息。

陈先生顺便说我们胜出的可能性很小，因为我们没有很好地了解客户，因此我们不能获得一些"临时建议"。陈先生的话让我想起了贾先生，在青岛介绍会开始前，他数次把我们的设计拿给评委会过目。这种"事先了解"违背了荷兰建筑师的职业道德。但是，陈先生却从不考虑职业道德问题。对他而言，他只会担心我们在缺乏"临时建议"的情况下，如何做出"好的"设计。他认为 HY 是客户和 NEXT 之间最理想的中介，他的"建议"就是客户的"建议"，而且他可以不担任何责任。但是我们无法获得客户的"建议"，HY 是我们进行设计的唯一信息源，也是我们检验成果的陪练员。陈先生的困境是，如果他给我们的信息和客户的要求不一致，他必须在不承担后续责任的情况下，提供给我们信息。因为 NEXT 需要提升改进设计，我负责向阿姆斯特丹方面不断提供有用的信息，满足他们的要求，这是个繁重的任务。

HY 提供的"建议"往往与我们的项目风马牛不相及。在大多数情况下，他们提供给我们一个设计参考，但是在我看来，它与我们要做的设计毫无关联。HY 对于设计提案的"建议"也毫无建设性可言。他们说一句"这在中国行不通"，就可以巧妙而又坚决地回绝我们的想法。

我没有及时发现一些"建议"中潜在的消极内涵，比如说他们对借鉴日本窗户设计的外观提案的评论。高先生生动地向我解释这些评论的价值，他说起中国电视上的洗衣粉广告，把带有红点的白床单放进洗衣机，几分钟之后，拿出来一看，红点不见了。高先生笑着问我："你明白了吗？我们洗的是日本国旗。"

　　简而言之，提出的所有的建议都是避免直接表达的中国汉语修辞手法的很好的代表。在我看来，他们养成了发现替代语言或者非语言的评论方式的习惯。

　　由于设计过程一再被打断，阿姆斯特丹方面越来越具有批判性。而我的试探性态度也让 HY 很不安，因为他们希望 NEXT 发挥主导作用。

　　然后 HY 利用一个草图模型巧妙地向我解释了"面子"这个主题。我对所有的信息都很敏感，但我不明白这是什么意思，我询问这与我们的项目有什么关系。

　　对我来说，"脸面"更接近于传统概念上的"面子"。这是社会交往中一套僵硬的价值体系，主要包括要面子、丢脸，还有寓意深远的让某人丢脸。这种人际交往的本质，与等级制度中的地位挂钩，渗透在社会生活的方方面面。

　　我的中国同事笑呵呵地告诉我"面子"并不仅仅局限在人际交往中，公司和建筑也与"面子"有关联。他们对此作了具体深入的解释。在北京，根据风水上的原则，南面是建筑最重要的一面，北面则会建得比较"经济"。

　　我的荷兰思维还是无法理解这些信息。荷兰人不会在意风水，风水关注的南面与我们的整体设计模式相反。现在我们已走上了一条不归路，期限马上就要到了，我们没有实用的信息，必须找到一个正确的方向，引导我们拿到这个项目。

　　我们是在中国，为中国客户做设计，为一个中国的公司做设计，我们从中国合作方那里得到的信息很有争议性，但在某些程度上还是有用的。现在最明智的选择是依靠 HY 向我们提出的"建议"。中国同事们的反馈意见十分明了，我们应把"握奇数据的面子"作为设计的切入点。

　　要设计的内容包括办公室、研发实验室、生产设施和配套服务（如会议和健身设施）。我们根据各部分的表现度进行功能分区，来体现"面子"——从南到北依次是办公室、研发实验室、生产车间。这样一来，可以在研发实验室和生产车间之间建四个花园，花园里面再建两个亭子，一个用来体育运动，一个用来开会。办公楼上配置阳台，保证研发实验室有充足的光照。在建设中要把公司的标志在建筑立面上展示出来。

在两股不同力量的推动下，设计正在快速进行。阿姆斯特丹用带有天桥的中心广场把一楼的（在中国是第二层）各个功能分区联系起来。在广场上设置一个作为回旋处的旅游路线的小径，并与花园的会议、健身设施相通。在 HY 看来，外观是设计的重心，他们的话语隐藏着对我们设计方向的认可："很好，再把南面做得壮观一些！""着重塑造南面！"

与此同时，南面作为大楼的"面子"，体量已经发展为长 180 多米、高 40 多米。

这个项目将于周日下午七点向客户展示。在前往客户公司的途中，我一直在跟陈先生讨论介绍会。他建议我在介绍大楼的结构图时少花点时间，"最好结合效果图进行介绍"。我不安地问："我怎样通过效果图来诠释这个建筑？"

这是我和他第二次讨论介绍会。根据以前的讨论和建议，我更改了建筑的阐述方式。我打算不提及握奇数据的（组织）设计会带来很多附加值，而是介绍"成为国际地标的八个步骤"。这个目标使我很愤慨，因为这只是一个毫无根据的想象而不是条件。"国际地标"这个术语对于我来说什么都不是。但是我只能顺从，因为陈先生多次说中国的客户非常想拥有地标性建筑。

我们离客户的公司越来越近。陈先生笑了笑，眼睛里流露出对刚才压抑的讨论不高兴的神情，刚才的讨论让他很郁闷。我对他说"没问题，这样就有更多的时间设计效果图了"。

我们同其他三家建筑公司在会议室外面的一间小屋里等待进入那个会议室，小屋外面摆着相关建筑公司的比例模型。陈先生和我对它们仔细查验，陈先生笑着说："我们可能会胜出。"

演示室里坐满了人，通过介绍，我得知他们都是"专家"。我做了半个小时的介绍，主要对效果图进行了讲解。我兴奋异常，等待着客户们的第一反应。他们提出一个形式上的问题："你为什么要建一座这么大的建筑？"

这个问题让我困惑不已——这不是为公司总部做的设计吗？真的有必要把它建成"国际地标"来"长脸"吗？

成为国际性地标的六个步骤

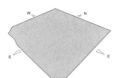

1. 建设用地和方位

2. 办公部分南立面最大长度
依据电子城总平面

3. 强调研发中心南立面
强调入口

4. 庭院最大宽度
人车分流

5. 连接不同功能
强调两立面

6. 两个形式独特的建筑点缀花园

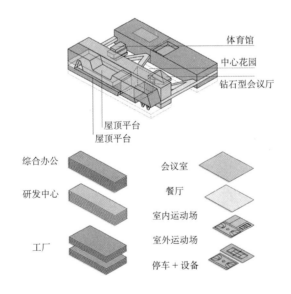

接下来是一个短暂的汉语讨论。介绍会很快就结束了，我们回到车里，有人告诉我沟通方面出了一些差错，因此我们疏忽了很多"临时信息"。客户想建几座大楼，现在闲置着的公司大楼会租给别的公司，"这在一个大的建筑里很难实行"。

我们得了二等奖。当陈先生避开我质疑的眼光时，他的反应意味着"我们输了"！

这个项目所有的设计团队都很没面子。为了开发这个项目，我们忙碌了三个星期，那些场景在我的脑海里浮现。我在很大程度上抛开自己的完整性和一致性，在我们的参考框架之外，优先考虑一些事情，结果却失败了。如果我们西方人也很看重"面子"，那我会在阿姆斯特丹颜面扫地。

调 整

做完握奇数据设计之后，HY 采取的策略同柳明项目之后的策略一样。他给你足够的时间来消化结果，却不作任何评析。我不再寻求谈话，项目结束后，我在新西兰小驻，利用 HY 给的空间思考反省我们在中国的经验。

我疯狂地寻找中国和荷兰价值观的联系，寻找 NEXT 和 HY 在信息输入上合适的频率。但是当我批判性地看待之前做过的设计时，我发现它们都是不同的思想和兴趣的融合。这就会导致设计像上次握奇数据的设计一样，在中国的"风水"和面子问题上与荷兰信奉的"为公司增加价值"完全不同。

我的怀疑态度导致不同的想法和利益交织在一起，这也可能是一个荷兰思维的典型体现。但这也是我们在设计中轻易融入中国价值观的结果。但是我这种试探态度引起了中国同事们的反感。他们认为我们应该从自身而不是从他们身上寻找答案。阿姆斯特丹的同事们也不赞同融入一些被曲解的中国价值观，因为我们无法评估它们的附加值。

因此，现在暂时的解决方案是，就 HY 来说，我要更加坚决地与其交流想法，就 NEXT 来说，我要坚决捍卫我们的想法。

清晨时分，我抵达北京，几个小时后，我来到公司。我把从新西兰带来的糖果分给同事，我发现中国的同事旅行归来都会这么做。大家都急切地品尝糖果，评价从"很好吃"到"不怎么样，尝起来就跟中国的中药似的"不等。

恰在此时，公司宣布了一个新项目。HY 要参与北京北部一座大型住宅楼的建设。HY 负责高楼设计，我们负责设计配套的儿童日托中心。

一种无法形容的兴奋冲击着我的身体，又是一个新项目，我们在荷兰还没有做过这种类型的设计。公司对规划的先决条件做了简短概述。他们给我一份从中国的设计资料集上复制的中国典型的托儿所的插图副本，设计资料集对中国的建筑做了百科全书式的概述。和同事的简短讨论使我更加精确地把握大体框架。在中国，托儿所是教育和培养儿童的关键场所，在这方面它远远超过荷兰的托儿所。"日托中心"事实上是一个错误的叫法，因为孩子们要在托儿所过夜，更加确切地说，父母星期一早上把孩子送来，直到星期五晚上才把他们接走。

我听说过很多故事。在中国的计划生育政策下，很多孩子都是家里的独苗。孩子们在托儿所可以"弥补"缺失的兄弟姐妹之情。另一个中国同事认为孩子必须上托儿所，因为中国的父母工作繁忙，无暇顾及孩子。还有一个同事只给出了这样一个结论，说这些托儿所"费用高得离谱"。

我把收集到的信息用邮件和传真发给 NEXT。用传真发的是中国典型托儿所的草图，它坐北朝南，包括一部分设施，还有一些教室，图上唯一能够进一步开发的空间是整个托儿所的活动中心，这也是孩子们一起吃饭、一起唱歌以及进行其他活动的地方。

最终，因为时差作怪，在回家的路上，我十分疲惫。

第二天早上，我看了一下桌子上 NEXT 发来的传真，突然感觉很神奇。我们在 NEXT 一同工作了六年，相识十四年，在学校内外共同完成了很多项目，六个月前我离开阿姆斯特丹，试图在北京落叶生根，一天前，我刚从北京发去一张典型的托儿所草图，现在他们就发给了我设计图，这真是一个非同寻常的时刻。

草图非常完美。

这个集中区域通过设施部分的插入围合，创造了一个露天剧场般的内部空间。这一部分与其他正式部分不同，孩子们可以在此自由学习、玩耍和探索。

这是个令人兴奋的想法。我并没有参加 NEXT 的头脑风暴会议，但无论如何，我现在看到的这个提议正好与我的想法中的好建筑相吻合。事实上，它完全符合我们之前对中国工作的设想——我把中国的要求反馈给 NEXT，

从北京发往阿姆斯特丹的传真　　　从阿姆斯特丹发往北京的传真

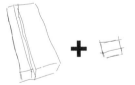

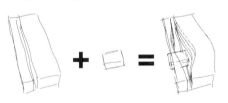

典型学校　　　集中区域　　　　　典型学校　　　集中区域　　　露天剧场般的学校

NEXT 把要求变成建筑方案。

陈先生来我的办公室，对这个草图反应冷淡。

我没有在意这个预兆，坚定地在北京着手这个项目。慢慢地，但是可以肯定的是，陈先生的态度变得和缓，反馈建议也变得更加具体。HY 日益觉得设计的风险大于机遇。因为是开发商而不是政府为大楼出资，分给托儿所的建设资金相对较少。有人毫不客气地告诉我，在中国没法完成流线型体形式的建设，因为弧形的梁和玻璃屋顶很费钱。

我的观点很明确：在项目的创作时期无需过多考虑更为经济的方案。我们甚至还没有收到建设预算，那么设计更为经济的方案又该从何谈起？我坚持认为，在这个阶段，保证建筑质量，寻求托儿所的内在附加值远比节省重要得多。

在和胡女士偶然谈到这个项目时，我也是这个观点。她告诉我说建筑师的任务应该是为客户省钱。我强调建筑师的任务是保证质量，对客户和用户负责。当我说质量有时是无法用钱来衡量的时候，谈话陷入僵局。

可能是由于这个僵局，HY 开始寻找供选择的省钱方案。我对这一举动十分怀疑，但是陈先生认为 HY 肯定会在介绍会上介绍我们的设计，我对此表示默许。为了消除我的疑虑，他说 HY 的设计目的只是为了给客户选择的余地。我想起周先生曾经说过"中国人喜欢选择"。

介绍会在一个星期后进行。

我首先介绍了一系列的对荷兰和世界上不同的学校的分析后得出的设计。大家似乎很认同设计以及我对设计的分析。最后大家集中讨论我们的设计，我认为这是个好征兆。陈先生小声对我说："他们认为你的设计很棒。"他的话证实了我的猜测。

当宣布我们的设计被采用的时候，我再次兴奋异常。

但是当宣布这还不是最终结果时，兴奋感马上消失了。上层人士还要对此作进一步讨论。在做这个选择前，他们已经进行了广泛的讨论。两个高级经理争论哪一个方案更省钱。我们的玻璃屋顶设计很贵，但是 HY 的方案是用巨大的自由浮动钢结构作为托儿所的屋顶，这会"更贵"。

我据此推断我们的设计会在质疑中获益。我们的玻璃屋顶可以换成别的，但是如果把 HY 的钢铁罩棚去掉，它的整个设计也不复存在。为了提升和完善我们的设计，他们提出了很多建议，主要集中在寻找方法"优化设计"上。他们要求 HY 做出两个新的设计，以便决策者从中选择。我已忘记了之前的"在质疑中获益"，怎么也想不明白为什么要给 HY 这样的任务。

回到办公室后，我发给 NEXT 一封邮件，详细报告介绍会的情况和两名高级经理之间的权位斗争。NEXT 方面回复："抓住这个项目！"

几天后的介绍会上，多了两名新"专家"。除了之前参加会议的经理和助理，现在又多了一名精通"托儿所"大小事务的女士，还有一位"财务"专家。那位女士很欣赏我们的设计，她认为流体形式和中庭虽然花费高，但是可以给孩子们营造良好的环境。那位男士则相当尖刻，严肃地质问我们的设计在财务上的可行性，他认为我们的花费太高了，远远高于"一般托儿所"。

还是没有得出最终结论。这一次，所有提出的方案会向当地政府报告。客户"可能会"提出我们的方案，但是"我们也要尊重"当地政府的其他选择。在等待结果期间，因为经费有限，我们都要按照要求寻求"更为经济的解决方案"来获得"同样的效果"。

我兴奋地问陈先生："我们可以直接向当地政府做设计报告吗？"他笑着回应说："就目前而言，更重要的是设法为客户省钱。"说这些的时候，他有意或无意地引用了胡女士的话，同时一再重审客户的意愿。

我把这次介绍会的详细内容发给 NEXT。NEXT 的同事们觉得，我们向完成一个杰出的设计又迈近了一步，我虽然身在北京，却和他们有同感。

但是客户方面却没有音信。

过了一段时间，我们终于知道了真相。整个建设项目（包括托儿所）已卖给了另一个开发商，我们不认识这个新的开发商，也和他没有什么联系。

陈先生说开发商赚钱的方式有三种。第一种也是最有利可图的方式是把项目的图纸和相关许可证卖给别的开发商，就像我们刚刚经历的一样。第二种方式是把建好的完整的项目卖给别的开发商。第三种也是获利最少的选择是把建筑分部分卖给个人。

这个项目失败的原因是因为它不经济？回顾以前，各方都把省钱作为主要出发点，唯有我认为设计和省钱"没有多大关系"。或者是因为我们没有与新客户建立关系？如果建立了关系，可能他就会与我们讨论一下设计和他对我们的期望和要求？

项目的过程和优先次序都与我们在荷兰的工作和思维方式不一样，我们的努力成果最后只是一堆效果图图纸和一些新近获得的见解。在中国搞建筑需要的不仅仅是建筑学知识，还需要考虑经济问题。

我对设计的质量很满意，鉴于握奇数据中的经历，这次我要尽可能摆脱HY甚至是客户的干扰。这样才能做成NEXT自己的项目，这是我们在荷兰就意识到的。但是这个策略会降低我们的作品产出。我们不在荷兰，我们在一个完全不同的地方，一个与荷兰的价值观和侧重点完全不同的国家。我们来中国的目的是项目建设，为了实现这个目标，我们需要调整想法和行动。为了尽可能地适应、更深入地了解中国，它不仅是有用的，而且是绝对必要的。

中国的本质

搬家时和一个陌生人的谈话

？：你好，你要搬来这居住？

约翰：是的。

？：欢迎你的到来，我是你的新邻居，你可以叫我"庆"。

约翰：庆先生，你好！我叫约翰。

庆：约翰先生，你好！你来自哪个国家？

约翰：荷兰。

庆：噢，荷兰啊，一个很富饶的国家，有知名的飞利浦和壳牌公司。

约翰（笑了）：荷兰是一个小国家。

庆：约翰先生，你是做什么的？

约翰：建筑，我是一名建筑师。

庆：啊，建筑，很好的职业，中国要建很多新的建筑。（想了想）我的很多外国朋友都被签证问题困扰，你呢？

约翰：我没有什么问题，我的签证有效期四年，四年后我可以换新的。

庆：四年？这么长？你肯定是一个建筑专家，中国政府可能很重视你的学识。

几周之后，我又和庆先生谈话。他年近六十，我和他现在已成了熟人，庆先生或者老庆（现在出于尊敬和友好我都这样叫他），在大学主修三个专业——英语、国际商务和酒店管理。

约翰：老庆，请给我详细讲述一下中国。

老庆：约翰，为什么呢？你已经在中国住了很久了，你现在应该是名专家了吧。

约翰（笑了）：老庆，我不是专家。我的签证上面写着"外国人居住许可"，几个月过去了，我还是觉得自己是个外国人。

老庆：你想聊些什么？

约翰：很多，比如，中国文化的本质是什么？

老庆：约翰，作为一个年轻人，你这个问题提得太大了。（他想了想）你认为答案是什么？

约翰：我觉得你会回答"和谐"。

老庆：对，中国文化的本质是和谐。

约翰：那么和谐的内涵是什么？

老庆：世界万物都要平衡发展，包括人、大自然和宇宙。

约翰：老庆，你认为中国在平衡发展吗？

老庆（很惊讶）：约翰，你为什么这么问？

约翰：因为我看到了不止一个中国，而是很多个，但是无论哪一个，看起来都是不平衡多于平衡。

老庆：约翰，你看到的不同的中国有哪些？

约翰：中国南北之间的差异，东西之间的差异，政治与人民的差异，城市与农村的差异，贫富差距，新旧一代人的差异，新旧价值观的差异，还有很多……

老庆：约翰，我认同你的观点。中国现在面临很多挑战，但最终目标是和谐。你知道，很多问题在短期内无法轻易解决。

约翰：老庆，这是政治性的回答。

老庆：你是个敢于发表看法的年轻人。

约翰（笑了）

老庆：世界上很多国家还有很多人批评中国的政治经济体系。但是我们不妨看一下美国，美国无论男女必须工作到 65 岁才能退休。在中国，我的妻子 55 岁就可以领退休金，我 60 岁就能领退休金。约翰，我们是快乐的人，我们的国家很安全，不用担心恐怖主义，中国的物价也很便宜。我们中国人把这些称为"生活顺利"。中国人也都希望彼此能生活顺利。因为我们的经济不断强大，中国政府可以保证国家安全和繁荣发展。

约翰：但是这是不是类似于"温饱高于道德准则"？

老庆（恼怒）：道德准则？你认为我们的道德品质有问题？难道几年前欧洲没有成千上百位老人死于夏季酷暑？难道欧洲不能给老人提供空调？这种情况下，道德原则哪去了？

约翰（吃惊）：老庆，那个夏天出奇地热，而且并不是欧洲的每家每户都需要装空调。

老庆：请解释一下你的意思。

约翰：我认为中国的和谐观念是一个十分美好的理想目标，这无可争辩。但我认为理想和现实之间是有差异的。并非所有的问题在短期内都可以得到解决，因此人们只能接受自己的现状，别无他法。换句话说，和谐就像一个藏着承诺的目标，有时会变成一个让人们接受现实的借口。

老庆：约翰，何以见得？

约翰：比方说，中国的目标是实现和谐。和谐需要大家达成共识才能实现，对吗？

老庆：是的。

约翰：共识会占据不同的想法和观点的空间，为了达成共识，任何"杂音"都会被封闭起来。封闭了杂音，才能达成共识。如果"杂音"无法封闭，就会遭到打击，打击带来的威胁足以保护共识。

老庆：约翰，你在说大话。

约翰：老庆，我只想更好地明白一些事情。

老庆：难道你们国家不推崇和谐？

约翰：我们也信奉，但是我们更喜欢称之为"妥协"。如果你问我个人的看法，那么我会说相比于"和谐"，我更相信"多样性"。

老庆：多样性？它会有什么好处？现在欧洲有多少个国家？ 27 个？

约翰：欧洲也面临很多内外的挑战。

老庆：约翰，地理界限已经不明显了。中国四分五裂达几个世纪之久，现在统一后，中国在政治上和经济上变得越来越强大。因为中国的统一，人民的生活水平明显提高。

约翰：中国确实在政治上和经济上变得强大。生活水准的提高也是肯定的。老庆，但是在社会上和文化上呢？你难道不明白多样性的丰富内涵——不同的观点，不同的思想，不同的信仰？

老庆：约翰，你的观点很清楚地体现了我们的文化差异。西方人认为一切都属于个人，我们认为一切都属于集体。约翰，你应该多读孔子的著作。

约翰：老庆，我的观点里没有任何评价。

老庆：约翰，你在无中生有。

约翰：老庆，我只是在尝试更好地了解中国。

老庆（笑着说）：约翰，谢谢你和我聊天，今天我从你身上学到了很多东西。

约翰：老庆，我也从你身上学到了很多。

老庆（瞪大眼睛）：不好意思，我得回家了。我让妻子午饭时做只甲鱼。约翰，你知道为什么我喜欢吃甲鱼吗？

约翰：吃甲鱼会使人长寿，老庆？！

老庆（笑着说）：约翰，你猜对了！

风　水

"气是中国传统文化中的一个基本概念。气，作为一种精神力量，是世界万物存在的组成部分。气可以翻译为能量流，或者从字面上看，翻译成'空气'或者'呼吸'。气也一直是中国哲学的一个重要组成部分，虽然它的含义随着时间推移一直在变化。气和力、模式、重复、形式、顺序都是基本范畴，就像西方人眼里的力量一样。"

"中国传统的空间设计和建筑艺术——风水，就是在气的流动、五行的相互作用、阴阳以及其他因素的基础上产生的。"

"气的张力和损耗会影响空间使用者的身体健康、财富、力量、幸福和许多其他的方面。空间里的每一个物体的颜色、形式和位置会影响气的流动，有时会使气流动变缓，有时会使气变形，有时会加速气的流动。对气的影响会直接影响用户的能量水平。"

为了更好地了解中国，我投身于未知的精神世界。我在这个方面有很多动力，比如握奇数据项目对于风水和坐北朝南的关系的建议，比如我们在一个内部设计项目中主张用组合的斜线连接。起初客户看起来真心赞赏这个设计，但是几天后发来消息说斜线不"吉利"。汉语里的"斜"和汉语里的"邪"发音差不多。最后的定论是这个设计"风水不好"，因此不会采用这个设计。

风水大师在现场

对于我来说，作为一个清醒的荷兰建筑师，这些观点是难以评价的。我认为，就像陈先生说的一样，风水有一定道理，就像建筑坐北朝南可以充分吸取太阳光线。但是把单词的发音和设计直接联系起来却很主观。在荷兰的建筑论述中，很少有这样的主观论点。

在 NEXT 也一样，每个人都会尽量避免主观论断。我们尽最大的努力客观地开发项目，同样，我们希望用同样的态度在中国做设计。但是当被这样非理性地评判和估价时，理性的论据又怎样相对应呢？

一个绝佳的机会来了。一个客户想带着"风水师"一起参观工地，并要求我陪同前往。书本上那些关于墓穴是怎样一个令人费解的世界的内容，它们都太抽象了，没有什么实用价值。但是现在我可以直接得到答案，找到什么是"吉利"，什么不是，为什么不是。

客户、我的同事秦女士和我同风水师转了将近一个小时。在风水罗盘的帮助下，风水师对各种问题给出了建议，比如房间的布局、公寓的组织、室内必要的传统元素以及建筑周围的景观设计。客户不断问他问题，恭敬地接受他的建议，一个助理迅速抄下风水师所说的每一个细节。在此期间我毕恭毕敬，但是现在该轮到我说话了。

我把建筑的设计方案拿给风水师，秦女士把我的想法翻译给他。我焦急地等待他的评论。他第一个建议是在设计里加上点中国传统元素，比如红灯笼。我想知道"为什么"，秦女士有点忐忑，但还是清楚地翻译了这个对于我来说十分显而易见的问题。

通过秦女士翻译，风水师友好地说："风水是一门很奇妙的艺术，它是一门把心和几个世纪之久的科学联系起来的艺术。"他又看了一下设计，建议我在中间建一道墙，否则气会溜走。

"请告诉我什么是气，它又怎么溜走？"我通过秦女士这样问他，秦女士脸色很不好看。

风水师说："风水是一门很微妙的中国艺术。"

既然直接询问没有什么效果，我试图问一些能够具体回答的问题。"你认为用哪种颜色好？"秦女士翻译了我的问题，风水师想了好一会儿，然后通过秦女士告诉我"紫色"。

"为什么？"我冒昧地问，边问边看了秦女士一眼，然后又把目光投向风水师。

谈话没能继续下去，因为风水师清楚地意识到现在是时候离开了。风水师收到一个红包作为报酬，也就是一个装着钱的红色信封，我们也向他告别。我和秦女士没有开车，风水师愿意把我们送到地铁站。我们欣然接受他的邀请。

风水师坐在司机旁边，我和秦女士坐在汽车后排。

秦女士对约翰说：我想问风水师一些问题。

约翰对秦女士说：问就行。

秦女士对约翰说：我怕不太合适。

约翰对秦女士说：没事，不用担心。

秦对风水师说：先生，打扰你了，我可以问你一个问题吗？

风水师（把头转向后座）：当然可以。

秦女士：你认为我什么时候结婚好呢？

风水师（想了想）：你的出生日期是？

秦女士：1983 年 3 月 12 日。

风水师（想了一下）：我觉得你最好在 2009 年结婚。

秦女士：谢谢你，我还有时间。

秦对约翰说：我还有时间，我要告诉我的父母。

约翰对秦说：你问问风水师他对我有什么建议？

秦问风水师：约翰想知道你对他的建议。

风水师对秦说（看了一下约翰，想了想）：他心地善良，但是脑子里担忧得太多。

约翰对秦说（听到翻译后，笑了）：我为什么会有很多担忧？

风水师对秦说：他有很多问题，但是脑子却装不下这么多问题。他想承担很多责任，我希望他将来"工作平安"。

风水师把我们送到地铁站之后。

秦女士（看起来很关切）：他的建议很对，你一心扑在工作上。

约翰（笑了）：这要看你看重什么了。

秦女士：你真认为工作最重要？

约翰：你觉得我跨国一万公里来到这儿，就是为了"工作平安"？

秦女士：那你是为的什么呢？

约翰：发现新事物、新思想，开阔我的视野。

秦女士：你就是所谓的工作狂。办公室里不止我这么觉得。

约翰：中国的工作狂指的是热爱职业的人？

秦女士：在中国，工作狂指的是一直问工作上的问题的人。

约翰：哦，那你说对了，我就是个工作狂。

秦女士：你看。风水师说对了吧!

我和秦女士微笑道别。乘上地铁后，我开始想主观内容在多大程度上可以被客观地理解。我觉得"这可能很难"。

良　心

　　陈先生曾经说过："北京不代表中国，HY 也代表不了北京。"因此无论什么时候我都会抓住工作之外的机会探索北京，或在周末参观其他城市。无论去哪儿，我要从直接建筑实践之外寻找和专业领域知识之间的联系，我们本来应在阿姆斯特丹考虑清楚这些。

　　因此，我坐在了清华校园的公共教室里，我在那儿做了一个演讲，随后我想看一下工作室和一些项目。我有两个选择，一是和几个老师在饭馆里吃饭，另一个是和几个学生在食堂里吃午饭。我很快决定和同学们在食堂里用餐。午饭过后，我跟着他们来到宿舍。

　　我坐在双层床的下铺，眼睛打量着宿舍，宿舍大约有 12 平米，有三张双层床，桌子上放着六台电脑，宿舍里的剩余空间很小，几乎无法移动。同学们坐在我的左边、右边或者我的对面，都在盯着看我。宿舍里还有一名老师，中午和我们共餐的女生没有来，我被告知女生不能进入男生宿舍。

　　我问老师可不可以开一个小型讨论会，他马上就同意了，并让我出一个题目。我不假思索地说"城市的未来"。

　　"未来，每个人都会穿数据服。"坐在我右边的男生说。

　　"别再谈论数据服了。"另一个男生感叹说。

　　第一个男生回答说："但是想象一下每个地方的所有的信息都是可以直接运用的！"

　　我打断了他们，问这对城市来说意味着什么：它会对生活、工作和娱乐带来什么影响？

"城市数量会变少！"第一个男孩说，"人们将会生活在同一个地球村中。"

在对数据服理性地探讨了一段时间后，我问他们如果所有人都住在地球村里，城市将会发生怎样的变化。生活在附近社区里的老一辈人如何适应这些变化？地球村是传统的小巷结构——胡同以及四合院的合理出路吗？现在随处可见、形式相似的高楼住宅会有怎样的变化？

屋子顿时安静了，那位老师用锐利的眼神看了我一眼。

"我在胡同和四合院里长大，生活太恐怖了！我们没有自来水，没有卫生间，没有洗衣机，也没有厨房。冬天寒冷刺骨。胡同已经过时了，它们无法达到现代发展标准，因此只能被淘汰。"

他的回答让我愕然，为了使讨论更抽象一些，我问大家能不能用现代观点描绘一下胡同的社会价值。

所有的学生都沉默了。

老师看着我，重复道："胡同和四合院都过时了。老北京只是老人和外国游客的怀旧之地。"

几个星期前，我和周先生在故宫北边的后海附近的胡同里转悠。周先生正在清华大学研究征收四合院，建成新型胡同社区。由于考虑到阻碍很大，他自己也很怀疑想法的可行性。从土地价格来看，这种房屋类型的密度太低了，胡同太窄了，车辆无法通行，也无法配备排水沟。

我们小心翼翼地参观了几个四合院，之所以这么做，是怕打扰居民的私生活。四合院没有基本的生活设施。让我们惊讶的是，有人邀请我们去四合院里喝茶。

通过周先生做翻译，这家人将故事娓娓道来。

他们一家世代住在四合院。有一天，他们看见墙上用涂料写着"拆"字，他们很害怕。周向我解释"拆"字就是"demolition（拆迁）"的意思。这家人随后收到要求他们马上搬家的官文，政府会给予财政补贴，并且提供两套城外住房让他们选择，也强调了搬迁的好处：新房子中有四合院所没有的

与北京胡同里的孩子一起踢足球。

一些生活设施。

然而，他们不满意三个事。第一，政府补贴不够。第二，财政补贴分配不公平，那些和政府关系好的户主得到的补贴多，而这些和政府没什么关系的人得到的补贴少。最让他们担心的是搬到新家会受到当地人的排斥。现在他们生活在地面上，但在"那里"他们将生活在塔楼里。在四合院，他们的生活环境就像街市，所有的邻居都是熟人，上班的地方就在拐角处。这些不知道在"新家"有没有。

我对这个话题并不陌生，但是我还没有这么近这么直接地感受过。我们从四合院出来的时候，我在想，来到中国后，我们在多大程度上成为了这些实践的附件。

我把我的想法告诉周。在谈话开端我就不断地用西方众所周知的信息询问他，这不是 20 世纪 90 年代以来四千万人失去土地的情形吗？真正的问题是这一切是如何发生的呢？当地政府征用土地，把它租给房地产开发商。这对政府官员和房地产开发商来说是个双赢的举措，但是对房主来说却不是，他们只获得微薄的补偿金，因为土地不属于他们，他们对此也无力反抗。

周耐心地听我说，我讲完的时候，他只是点头，什么话也没说。他带我来到离四合院不远的一个地方，这儿正好有一个项目——著名的"菊儿胡同"，开发商、政府和建筑师想把它打造成最具代表性的现代版胡同生活。我觉得这很有趣，但是周说这个项目没有成功，因为"经济上的不可能"。

我们行走在这个新的生活环境中，房屋都堆积在一起，与传统的四合院不同。楼梯从一个大型公共庭院通往高层公寓。我发现这倒像是外国人居住的地方。周的话更加证实了我的猜测——几乎所有的房子都被原住户租出去了，其中很多都是外国人。

那么，现代"胡同生活"成了一种外国怀旧？

不久，我又看到了中国现代化进程中的困境。一个出租车司机告诉周先生他以前的房屋需要为"现代北京"建设让路。但是他说墙上出现"拆"字的时候，正是很多住户的"黄金时期"。在北京，这就意味着这是一个进行拆迁谈判的很好的机会，而拆迁谈判是一个大幅度改善生活质量的好机会。

就他来说，他对补偿金和新家非常满意。他列举了一些好处，但是说到一半就停下了。他笑着说要告诉我一个秘密：补偿金是按人口分配的，当拆迁的消息确凿无疑后，最好让孩子尽快结婚，这样，赔偿金就会"翻番"。他很骄傲地说自己现在有三套房子，分布在北京不同的地方。周先生用中立的表达方式把司机的故事翻译给我：司机寻找机会在房地产市场上赚大钱。

撇开这种发展模式是如何在经济上站得住脚的问题，我对西方媒体提出的另一个问题更感兴趣。住户真的是自愿搬迁吗？仅仅是经济补偿就足够吗？

周先生说，在中国他们被称为"钉子户"——这些住户（钉子户家庭）不愿意搬迁。"在中国，少数服从多数，"他向我解释，"但是钉子户有权利进行谈判，为了捍卫一些明显站不住脚的事实。"他又这样补充道。

我问他："人们连自己的权利都不了解，又怎么去捍卫权利？"

"这是一个不同的观点，"他说，"就像宜昌的三峡大坝，为了三千万饮水困难的群众，一百万人需要迁移。在中国，永远都是少数服从多数。"他又重复道："没有人能够凌驾于集体利益之上。"

或许我不该那么激进。我不应该向周先生提出很多批判性的问题，因为他也在研究寻找其他出路。或许我该向老师发表这些批判性的看法，因为他有个人经验和激进的观点，但是我仍然困惑不已。可能是我对中国了解得太少，不能用批判性的典型的西方问题来抨击中国人的良心。

世界上最古老的文明

在我这个西方建筑师看来，为什么中国的现代化进程总是蕴含着激进的干预，却不寻求借鉴历史？

"中国是世界上最古老的文明国家。"

这句话飘进我的耳朵里，这也是我的同事在午餐时间最喜欢谈论的话题之一。出于尊敬和兴趣，我听他们讲一个航海家的英勇故事。一个船员带领一支船队在哥伦布发现美洲之前几百年就已经发现了美洲大陆，他的船队规模是哥伦布的十倍，而且装备更加先进。他们还讲述造纸术、印刷术、火药和指南针的发明过程。

我通常只是听，偶尔我也会问这些悠久历史，更确切地说是文化遗产在当今社会的意义。在现代建设的狂潮中，所有的历史都要从属于中国进行的现代化建设。

我的问题通常没有答复，但是我有幸扩展了我对新项目形态上的理解。根据荷兰标准，这是个大项目，其包括公园、住宅、办公楼和商务区，总面积有四十多万平米。这个项目因一条连接两条城市环道的新快速公路而变得更加重要，该基地紧邻这条新公路，并与之有直接连通的出入口。

在介绍会上我听到工地上还有居民居住，它是一个"城中村"，我非常惊讶。我问那些居民怎么办？我被告知居民将会搬到两千米外的新公寓楼上。当我们听到这个消息时，高先生叹了一口气说还不知道等多久才能动工，然后他又解释补充道："协商会花很多时间。"

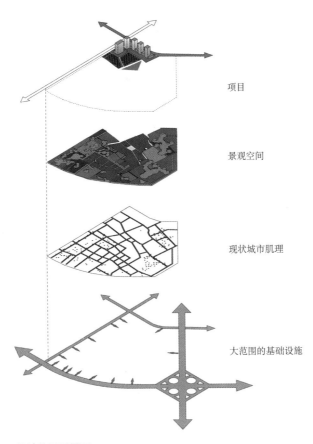

项目

景观空间

现状城市肌理

大范围的基础设施

设计的不同层面

我和同事参观工地的时候，看到一个典型的中国村庄。（未）硬化的街道上坐落着小型的木头平房，人们在街上做饭、卖菜、洗衣服。孩子们在一个小破庙前玩耍，动物们自由漫步。此时我的心情很矛盾：住在这儿的民房破旧不堪，人太多，空间十分拥挤。垃圾四处扔在街上，公共厕所里散发出难闻的气味。

我的中国同事看着眼前的一切，流露出厌恶的神情，在他们眼里，这儿的一切似乎又旧又脏。这代表了旧中国，现在必须为新中国的建设让路。回到办公室以后，同事们用中国有名的"白板"方法做方案，开始给出一个提议：建筑地点上所有的建筑物都要被摧毁。

我们之前所做的项目工地都是空地，现在我们却要做一个重建项目。这是我们第一次不破坏当地和城市的连续性，寻求已有事物之间的联系。

NEXT分层剖析工地，制订了一项策略。届时将会保留工地上的入口、街道和胡同，景观房会取代旧房子，这样就可以有多种规划方式。树木和破庙会融入景观房。工地的外围也要做一些规划，它将同主交通线和公共交通线相连。

在介绍会上，我讲述了一个关于欧洲城市扩张的历史的文化意义的故事。我举了很多例子来证明城市改造中古建筑可以和新的扩张很好地融为一体。我说改造成住宅区的码头依然保持着原来的风貌，老工业区变成了有阁楼的办公室的商业区。我还展示了很多图片，很多工厂变成了文化的摇篮，新建筑旁边依然有古老的树木相伴。

但是我的话语没有什么效果，客户不认同工地的历史价值。吃午饭时，我的同事这样总结："在源远流长的中国文化中，现在只是一小部分。街道、胡同、树木，甚至是寺庙都微不足道。"

但是如果这些因素都是"微不足道"的，那你从哪里找到与中国文化的连接点呢？你要回溯到哪个历史时期才能找到"有用的因素"呢？

我的问题让同事目瞪口呆。有人想用简短的话语结束这不愉快的谈话。蒋先生说："价值蕴藏在未来中。"

"但是那是什么样的价值？"我冒昧地问。

"更多的钱，更好的生活。"他回答。

"那么它的历史、记忆以及对过去的连续性呢？"我又冒昧地问。

"好的开端好过不好的记忆。"他说道。

我认为这是一个死胡同，同事马上把话题转到食物的味道上。我们正坐在北京的一家饭馆里，在这儿我经常能够听到关于"世界上最古老的文明"的故事。蒋先生认为食物可口，为了使观点有说服力，他说："这家餐馆的烹饪方法几个世纪以来一直没变。"

烹制方法几个世纪都没变，我念叨着，拿起了我的筷子。

其他同事也认同地说："这儿的饭菜很好吃！"

我体会到了，然后笑着说："老北京的风味的确很棒！"

大家都笑了，但是都没吱声，默默地吃饭。

孔 子

老庆：约翰，你在读孔子的著作吗？

约翰：我正在读。

老庆：你觉得怎样？

约翰：有很多东西我都不懂。

老庆：比如说？

约翰：除了"和谐"的思想之外，儒家思想在现代中国还有什么体现？

老庆：肯定有很多，就像欧洲的宗教一样。

约翰：和欧洲的宗教一样？

老庆：但是我们都遵"礼"，合乎礼仪的行为举止和社会责任感。

约翰：礼就是在恰当的场合有恰当的行为？

老庆（笑着说）：是的。

约翰：我明白"礼"的意思了，我甚至明白了为什么在一定程度上，中国人不愿意挑战权威和质疑等级制度。

老庆：那你还有什么不明白的？

约翰：根据孔子所言，人们生来不同？

老庆：是的，中国人都尊崇这样一个等级制度：父为子纲，君为臣纲。

约翰：在社会地位上也有严格的等级划分，对吗？

老庆：对。位于最顶端的是高官，也就是国家受过高等教育的官僚。然后根据等级尊卑划分，依次是农民、工人、士兵，位于最底端的是商人。但很重要的一点是人们的身份地位可以提升。

约翰：那么，我有两个问题：一个以和为贵的儒家等级社会怎么与以阶级斗争为纲的马克思主义社会相适应？第二，既然商人位于社会等级的最底层，为什么每一个中国人想成为商人？

老庆（惊讶地）：每个人都想成为商人？

约翰（笑了）：事实上，我是指我的中国同行。

老庆：我认为儒家思想正在中国重新受到重视。你知道，我这一代学习马克思主义革命理论是很有用的，但是现在没有那么有用了。你怎么又说起教条来了？

约翰（笑）：你没有回答我的问题。

老庆（笑着）：有时候沉默也是一种回答。

约翰：……

老庆：你要明白年轻人应该学习儒家思想中的情绪控制和尊重，这两个都是儒家思想的精华，很有教育意义。

约翰：我不确定这在荷兰是否同样重要。

老庆：何以见得？

约翰：我无法解释儿童教育，但是我可以把儒家思想教育和我的经历作比较。

老庆：请说。

约翰：我有一个非常优秀的同事，她就是贾女士。她来到我们公司之前，在荷兰学习工业设计。她和我一样，学的都是创造性课程，她告诉我中国的创造性课程与荷兰的创造性课程不能相提并论。

老庆：为什么？

约翰：首先，两国学生的学习态度不同。中国的学生严格听从老师的安排，荷兰的学生会提出问题，找到答案，因此他们做的比老师要求的多。

老庆：第二呢？

约翰：一般说来，荷兰人不如中国人灵活。贾女士发现荷兰人严格按照计划有组织地办事。她有时要提前一星期预约会面交流。在中国，即使是几句话的琐事，你仍可以敲开别人家的门，进行交流。

老庆（笑了）：中国人都很聪明。

约翰：她也批判了中国一些不好的方面。

老庆：为什么？

约翰：从本质上看，荷兰的"创造力教育"看重的是你处理信息的能力，而不是复制信息的能力。贾女士认为要适应这种教育体系十分困难，因为她在中国的学习模式就是"复制"。

老庆：你在谈论一个很敏感的问题，中国政府对这个问题也非常关注。我们怎样才能实现教育体系的现代化，同时又保留我们的核心价值观？

约翰：我的一位荷兰朋友的中国妻子对此直言"中国政府不希望民众太聪明"。

老庆：拿起筷子吃饭，放下筷子骂娘。

约翰：我好像没大听懂。

老庆：她肯定比我年轻，对吗？我们这一代人吃大米长大，从不抱怨。

约翰（笑）：她确实是年轻的一代。

老庆（点头）

约翰：但是，"现代化"不是一个老生常谈的问题吗？这个问题应该追溯到几个世纪之前吧？

老庆：你为什么这么想？

约翰：一个中国同事告诉我，中国明朝末期实行闭关政策，因此错过了发展机会。

老庆：虽然我不想承认，但是你的同事可能是对的，你的观点也可能是对的。明代末期，国家极度推崇儒家思想。教育的内容主要是用心学习大量知识，学到的技能就是复述。

约翰：先进的体系总是寻求向前发展，与之相比，守旧的体系却只着眼于过去，你说的就是这个体系的本质吗？

老庆：我似乎没有明白你的意思。

约翰：换句话说，比如，这就是中国没有像欧洲一样进行工业革命的原因吗?

老庆(恼怒):约翰,中国是一个文明古国。

约翰(担心):老庆,我知道,中国的成就史无前例,无法撼动。

老庆(生气):你知不知道你们称作"代尔夫特蓝陶"的瓷器是仿制的中国明朝的瓷器?这就发生在你所说的这一时期。

约翰(担心):我知道,人们给我说过很多次了。因为我不信奉儒家等级制,我的问题可能听起来很无礼。我承认我们的教育体系也有不足。

老庆(笑):你是我们的西方朋友,你不是无礼,你只是太急切了。

约翰(笑):老庆,我只是想更好地了解中国。

老庆:约翰,我会好好考虑你的问题的。

约翰:老庆,我也会好好考虑你的问题。

新鲜的空气、尘土和蚊子

我的中国同事很坚定地说："日本要比中国发达 20 多年，韩国比中国发达 10 年，朝鲜的发展水平相当于三十年前的中国。"这句话在更大背景下从不同的角度对中国的发展做了评论。来中国之前，我已经参观了日本和韩国的很多城市，进而我可以体验中国未来可能要经历的一个时期，因为你可以像这样构想中国的未来。从同事说这些话的那一刻起，我就非常希望了解中国的过去。几个月来，这个想法一直萦绕在我的脑海，现在机会终于来了。

高丽航空载着三十个左右乘客从北京飞到平壤。所有的外国乘客都坐在前排，朝鲜代表团坐在后面，他们的衣服上都别着带有伟大领袖或者深受爱戴的领导人头像的徽章。飞机上还装满了各种阅读资料，大都是关于外国人对朝鲜、朝鲜战争和主体思想的意识形态大纲的种种误解。"主体思想"是马克思列宁主义在朝鲜的体现，也是伟大的领导人金日成的思想结晶。"伟大的领袖在人民的心中永远是一个父亲的形象，并且领导着他的人民。……无产阶级革命是为了人民大众，必须由伟大领袖来领导。……人民群众、无产阶级、农民和知识分子是社会的主体。……实现人民的自给自足和经济独立是基本奋斗目标。"

朝鲜和劳苦大众，我的脑海里浮现出了老庆的表情。通常情况下，为了回应我的问题和观点，他总会说："你不能拿你们西方以自我为中心的个人主义和中国的集体主义思想作比较。"

我认为老庆要为一篇文章让路，在文章中，其他所有无产阶级运动都臣服于主体思想。但是这篇文章没有提供具体的论据，因此我要亲自比较它与马克思列宁主义在中国的具体化——毛泽东思想的不同。然而，相对于两者的不同，它们的共同点——毫不顾忌地排斥西方，对我更有吸引力。毛泽东认为优秀的红军战士远远胜过专家，而主体思想则认为知识分子是社会主义革命的主力军，这两种思想完全不同。

我再次想起老庆。他认为西方人的想法行为与他的想法行为截然不同。因此我的朝鲜之行还有一个目的：找到西方人在一个完全不同的意识形态里可能的角色和位置。

图波列夫飞机降落在平壤机场，正好停在候机厅的前面。机场空荡荡的。按照惯例，所有的手机都要上交，我们离开朝鲜时会还给我们。这只是十天之旅的开端，我们已对此行做了详细规划。另外，此行还会有两名导游和一名司机全程相伴。汽车开始驶往市中心，外国游客的心里忐忑不安。

平壤市内布局宽敞，大路空旷。居民大都步行或者骑自行车。华丽的建筑显示着政治权威，它们的唯一一个目的似乎就是要每一个个体都显得十分渺小。这里没有广告宣传，你能看到的唯一图片就是路边的宣传海报。一个巨大的而又血红的朝鲜人拳头击中很多美国士兵，这是最典型的海报画面。

接下来的几天，我们从一个纪念碑赶往另一个纪念碑；我们必须团体行动，晚上也不能离开宾馆。我们每一次私自行动，都会被穿便衣的"警察"喝止，他们一直在监视着我们。

每一天我们都饮食过量。每吃一口我都会觉得可能几千米外的人都吃不上饭。

我们观赏了阿里郎"大型表演"。在表演中，成千上万个舞蹈演员用表演精确地传达一个思想：每个人都要服从于国家意志。

我们还参观了"少年宫"，聆听"模范生们"用乐器为我们演奏革命歌曲。我想和前排的一个女孩交流眼神，但是徒劳无功，她面无表情地直接无视我，看起来她似乎已经沉浸在演唱中了。

在少年宫下面的书店里，我在革命书籍中发现了一本英语版的数学课本。其中一个计算题大致如下："朝鲜人民爱戴的伟大领袖金正日领导的革命军以每小时 30 千米的速度前进，攻击美帝国主义军队。美帝国主义军的前进速度是每小时 12 千米，两军相距 200 千米。问我们的军队在同美军交战之前，需要多长时间到达？"

回到北京后，我向胡女士的丈夫——杨先生讲起朝鲜之行。听我讲完，他十分赞同地说："朝鲜和三十年前的中国一模一样，平壤也是北京三十年前的样子。"

杨先生以及我们的客户都被灌输了这种思想，那他们现在又怎么能完全接受西方的思想？或者完全接受一种被捏造的观念？

在办公室里，我看着我的中国居住证，大声地读出打印在证上的金色英文字体："外国人居住证。""外国人"是对来到中华人民共和国的外国人的官方称谓。最普遍的叫法是"老外"，它是"外国人"的非正式叫法，翻译成英语就是"foreign person（外国人员）"。一个中国人告诉我，"老外"实际上既不是一个褒义词，也不是一个中性词。"老外"有很多种解释，其中可以用来开那些业余活动者的玩笑。但是"老外"要比"洋鬼子"这个词好一些，1978 年之前的未开放的中国都是这么称呼外国人的。在我看来，"老外"要比从 1978 年开始使用的"外国朋友"一词要好。

毛泽东时期，在宣传用的世界地图上，中国被涂成了红色。因为实行阶级斗争和社会主义制度，中国人是世界上最快乐的人。比较之下，西方人在资本主义的桎梏下十分可怜。但是威胁比不同的意识形态更实际，隐藏在西方的影响之下的威胁一直笼罩着中国，并试图摧毁社会主义体系。老庆时常告诉我一些教育性的电影会通过展示一些美国城市中人们的贫困和抵抗，来着重突出社会主义构想的可行性。

即便在毛主席逝世后，外国人在中国的行动还是受到限制。在北京之外也会有用汉语、英语和俄语写着"外国人禁止入内"的标志。外国人只能住在规定的住宅区里，不能用人民币买东西。当地人会尽最大可能避免与外国人联系，这个做法的初衷是避免被当作可疑分子。

几十年后，这种态度已逐渐消失，至少表面上是这样。中国最让人惊讶，也是最神秘的一面就是它成功的改革，与世界接轨。令人诧异的是，像北京这样的城市30年前还和现在的平壤一样空旷，但是现在在改革开放的推动下，第一眼看去，也只是偶尔让人想起那些往事。说它神秘，是因为在1949到1978年期间，中国一直实行闭关锁国政策，和现在朝鲜的排外思想一模一样。

我试图想象北京过去的样子：空旷无人，人们出行主要是步行和骑自行车，道路主要用来阅兵，建筑用来显示政治权力。现在的北京熙熙攘攘，六条环路上车辆川流不息，阅兵的道路已经退居其次。建筑显示着另外一种不同的实力——经济实力。

清晰地占据象征现代财富地位的排行榜榜首的两个方面是私家车和私人住房。杨先生问我："地铁这么拥挤，你为什么要每天乘坐地铁？"因此他鼓励我买一辆轿车。对他的建议，我没有直接回应，而是说在地铁上我可以更好地了解建筑的潜在使用者，杨先生用怀疑的眼光看着我。我接着继续解释："如果我不能很好地了解使用者，我就不能做出好的设计。"但是杨先生更加疑惑了。我又换了种说法："喜欢体验而不是拥有一些东西。"杨先生的眼神还是充满了疑惑。

谈话不欢而散，我认为物质生活享受和"民以食为天"相结合的理念反映的是20世纪的中国。但是我却误解了杨先生的建议。一位同事后来告诉我中国人往往通过企业家轿车的品牌和类型，来断定他（她）在商业上的地位和成就。外国进口轿车最能反映一个人的地位。我意识到，建筑物和轿车都能给人"面子"。

在朝鲜，享受物质生活几乎是不可能的，甚至于艺术、文化和音乐也是完全服务于社会主义的，个体不能自由表达意愿。为了检验中国的重大变化，我曾经挑逗一个同事说朝鲜的生活看起来真穷。没有提及朝鲜，同事说由于中国的对外开放，现在北京的生活"更加丰富多彩"。

我在想"更加开放"是否可以用"外部的巨大影响"来代替。

对于建筑，我的同事经常说由于"中国的进一步开放"，北京也变得"更丰富多彩"。这个也能被"外部的巨大影响"来代替吗？

"进一步开放"使中国不断改革，与世界接轨。但是在接受西方思想的同时怎样与中国历史文化相结合呢?

带着这个新问题，我自动选择使知识链向外扩展。

我坐在桌子旁，透过玻璃隔墙扫视着我们的办公楼。楼里十分安静，几个男同事正在忙着聊 MSN 和 QQ，女同事们正在电子网站——淘宝网上淘衣服和化妆品，还有一些在用 CAD 制图，剩下的在用 Photoshop 修改效果图。工程师、项目经理以及助手们在讨论着什么。再往后，一些人在做一个基本的比例模型。看到高先生的时候，我不禁笑了，他正斜倚在办公椅上，看威尔·史密斯的一部电影。

我喝了一口茶，希望快速地回顾中国五千年的历史。那个时候，我只能想到中国在西方的影响下被迫开放，进行了两次调整或者两次变革。第一次发生在 19 世纪到 20 世纪初的晚清时期，在西方列强的压迫下进行。第二次始于 20 世纪 70 年代末，在邓小平的领导下自主进行。

清朝是中国的最后一个帝国朝代。但是 18 世纪清朝皇帝乾隆在位时期中国达到最盛。高先生说乾隆是中国历史上的一位明君。在他统治的几十年间，经济繁荣，人口激增，领土不断扩张，中国的领土版图扩展到最大。高先生骄傲地宣称："当时世界上没有国家能够超过中国的经济和文化实力。"

当我问他这个论断的依据时，他很惊讶。如果你把中国的历史同世界其他国家的历史相比较，就能得出这个显而易见且肯定的结论。在那之前，中国已经在经济上和文化上占据领先地位几个世纪了。他指的是汉朝和唐朝的君主，汉唐之间隔了八个世纪。他们清楚自己的优势地位，自信地打开国门，与外国通商贸易。中国的繁盛也毫无疑问地与外来文化的影响有关，传入中国的一切事物都会自动"汉化"。中华文明根基稳固，实力雄厚，无法动摇。

为了证明这个观点，高先生穿越历史，讲起航海家郑和的故事。高先生很喜欢这个主题，但这次他讲得更加详细。

"大约 600 年前，郑和带领过几只远航队，其中最远的是到达美洲。船队包括几百艘船，最长的船长 100 多米。一个世纪之后，哥伦布才带着一支由几艘船组成的船队到达美洲，最大的船只有十几米长。"尽管实力雄厚，高先生强调道，中国实质上从来都是一个爱好和平的国家。"郑和是世界上最大的船队的队长，但是他没有侵略外国的一寸土地。他把中国的茶叶、丝绸和科学技术带到别的国家，给他们带去了和谐、和平和文明。"

说到郑和，高先生又提到明朝早期的"黄金时期"。我问他明代末期的事情，以及我之前和老庆讨论过的尊儒时期。明朝终结的原因是什么？高先生不太高兴地回答："中国人只喜欢研究文化，对科学技术不感兴趣。郑和船队的科学遗产也大都被毁坏了。"我曾经从书上看到应该从外部环境分析原因。元朝时期，中国变成一个封闭的内陆国家。国家创新无门，社会发展停滞，而这被象征为一个臃肿的帝国"胖到无法站稳"。

高先生再次穿越历史，讲起大约是1800年的另一个"黄金时期"，那时中国拥有世界上最多的人口、最广阔的疆域、最繁盛的经济。他现在讲的是清朝早期，明朝之后便是清朝，满洲人占领北京后，建立了清朝。在康熙和乾隆时期，清朝迎来了长达120年的繁盛时期。其间，与外国贸易不断增加。然后高先生接着说在这样鼎盛的时期，新的威胁出现了。为了挽救朝廷灭亡的危局，改革者决定学习西方，仿效西方一切有用的事物。"但是风险太大了。"我猜高先生所指的威胁是西方帝国主义。

明朝末期，在工业革命的影响下，欧洲国家与中国在经济和科技方面的差距缩小。欧洲与中国互通贸易的需求日益强烈，但是让西方国家生气的是，中国开始调整对外通商政策，只开放一个通商口岸——广州。

我们可以从北京限制鸦片输入找到限制通商的原因。接着西方列强向中国发动了两次鸦片战争，中国的很多地方作为赔偿被永久划给了西方列强。此外，西方列强也占据了港口城市，在华的外国人有超越法律的特权。老庆认为这是"中国历史上一个困苦时期"。"西方列强与中国签订的不平等条约引起了中国人的反抗。"他严肃地说。看来在这段历史过去之后，他仍然有让我对此负责的意思。

西方列强与中国签订了不平等条约，这种潜在的意识仍然深深地印在当代中国人的意识里。我在很多时候都对此深有体会。比如，我在厦门打的，出租车司机问我的第一个问题是我来自哪里，我不假思索地回答"荷兰"。

他马上愤慨地说："你们曾经侵略过台湾。"

众多不平等条约使中国举步维艰。在中国人的传统思想里，君主由天任命，因此他不能与其他统治者共享权力。20世纪初期，在外交失败和西方列强的不断入侵之下，义和团运动兴起。义和团运动是一次中国民族主义运动，旨在抵抗西方侵略势力。义和团认为道教会使他们抗得过西方的枪林弹雨，但是在西方列强的联合镇压下，义和团运动以失败告终。

到19世纪末期，中国已经沦丧了大部分国土，日本也加入了侵略的队伍，20世纪初，义和团运动失败之后，八国联军占领北京。高先生认为这个时期，中国在列强的步步紧逼下，丧权辱国。说这些话的时候，他很严肃地看着我。看来他也要我对此事负责。

20世纪初期，清朝覆灭，国民党的领导人孙中山先生成为中华民国的第一任总统。我去南京参观孙中山纪念馆时，成千上万人都来膜拜，这充分证明了孙中山先生领导社会变革的这一改变中国的功绩永垂不朽。

我想象着老庆站在我面前，向我讲述他对这一时期的疑问。"新时代很快夭折，民主革命失败了。政变之后，中国陷入了军阀混战的局面。"直到今天，他也无法准确地解释"民主尝试"失败的原因，这可能是一个无法直接回答的问题。

第一次世界大战期间，日本占领了山东省，中国国内依然军阀割据混战。但1921年，毛泽东和其他人在上海成立了中国共产党，标志着新时代的到来。与孙中山的国民党之间也会有不可避免的冲突，而孙中山此时已逝世。

此时，蒋介石领导的国民党维护资产阶级和社会上层的利益，毛泽东领导的共产党则主张阶级斗争，认为只有依靠广大农民的力量才能取得革命的胜利。红军长征标志着两党的冲突达到了高潮。在一年的时间里，共产党徒步走了两万里路。老庆："长征后的幸存者被认为是真正的共产党员。"

下面这段历史众所周知：为了抵抗最大的敌人——日本，国共两党决定"国共合作"，共同抗日。日本投降后，国共两党又打响了解放战争。毛泽东承诺分给农民财产，因此得到了农民的支持和拥戴，蒋介石的支持者多是饱受通货膨胀之害的城市人口。经过激烈的内战，期间苏维埃共和国给共产党提供军事和经济援助，高先生认为美国"伺机在中国的后方发动战争"，最后，共产党取得了解放战争的胜利，蒋介石携军队逃往台湾。1949 年 10 月 1 日，毛泽东在天安门广场宣布中华人民共和国成立了。

高先生说："毛主席统一了中国，中国终于摆脱西方列强长达百年的奴役，获得了独立。"说到"摆脱西方列强的奴役，获得独立"时，他加重了语气。

解放之后，中国成为了一个几乎完全孤立的国家。在发展过程中，毛主席发动了大规模的改革运动，消除了私有制，进入了工业社会。老庆说："毛主席是个伟人。但是当他权力变弱时，他发动了文化大革命。他倡导'推陈出新'。中华民族再次处于生死存亡的紧要关头。"

当我试图对这个时期深入了解时，老庆总是欲言又止。他说那个时候他离开了妻子，被下放到内蒙古的一个小村庄进行劳动改造。对于个人经历，他不想多说，他只能说一下中国的总体情况。对于几十年前的事情，他说起来还是情绪激动。"文革时期，贫穷和饥饿困扰着人们，社会破败，人们之间没有信任，文化价值缺失，学校关闭，青少年成为迷茫的一代。""中国是一片文化荒漠，"他总结说，"整个中国的表演节目只是向人们传达由革命信息改编的京剧。"

20 世纪 70 年代末，毛主席逝世后，邓小平"向世界打开了中国的大门"，此前，中国封闭了近三十年。邓小平用他的"不管白猫黑猫，逮住老鼠的就是好猫"的理论取代了毛泽东的"红色更好"的理论。这句名言是我到中国后陈先生向我传达的智慧之一。在那之前，我一直认为邓小平指的是中国面临的困境：是严格贯彻共产主义思想还是适度发展市场经济。但是陈先生笑着告诉我这句真言适用于当今中国的任何境况。

我的汉语老师说邓小平是一代伟人。20 世纪 70 年代末，他不仅促进经济发展，还解放了思想。他对生活的远见都是物质化的："致富光荣！"在我刚来中国的第一个月，在不同的场合听到不同的同事引用这句名言。

在阿姆斯特丹 NEXT 事务所在北京的一次聚餐会上，胡女士在介绍当今中国发展中蕴藏的巨大潜力时，也引用了邓小平的名言："要让一部分人先富起来。"

随着中国的"对外开放"，邓小平希望把贫穷的中国建成现代化国家。但是融入到世界经济当中，也有很多弊处。开放之后，邓小平面临和晚清时期的改革者一样的困境：怎么利用西方的积极影响，减少西方对国家基础的不利影响？

汉朝和唐朝时期把进入中国的事物"汉化"，但是这种高明的做法在现在已经失去了活力。中国的发展比以往都更加依赖国外。邓小平敏锐地察觉到了这所带来的危机：欢迎西方的科学技术和资本，但是不接受西方的文化和生活方式。

恰巧蒋先生来我办公室，我顺便问他邓小平这句名言的确切含义，它在外国不是很出名。他笑了，很快明白我指的是什么。"如果你要打开窗户，获得新鲜空气，那么你也得接受烦人的灰尘和蚊子。"

比较我们西方对于龙的认识，对于新鲜空气、灰尘和蚊子的认识有了一个新的隐喻的推论。

但这些想法中哪一部分是新鲜的空气，哪一部分是灰尘和蚊子呢？

蒋先生打断了我的思绪，在我桌子上展开一张草图："我们可能遇上一些麻烦了。"我俯身看了一下草图，又开始漫不经心地想象蒋先生曾经经历过的灰尘和蚊子，然后我意识到邓小平的箴言是一个政治观点，指的是"灰尘和蚊子"可能给共产党带来的威胁。

我开始仔细看图。

在当今中国，谁又来决定建筑上什么是新鲜空气，什么是灰尘，什么是蚊子呢？

客户想要什么？！

杨先生的声音在会议室里回荡："建筑师（应该提问）的唯一（一个）问题是：客户想要什么？"

几个月来，同事们的转换能力让我刮目相看，他们能快速地从"古典风格"的建筑项目转到"现代风格"的建筑上。作为一名荷兰建筑师，我没学过这种能力，也可能永远不会想要学习这种能力。虽然我对此印象深刻，但我不能完全赞同杨先生的观点。虽然建筑设计要为客户服务，但是建筑师也有寻求创新的义务。创新不但能给建筑带来附加值，也会给客户和用户带来附加值。建筑师不应仅仅局限于按照客户的要求按部就班地进行设计。建筑设计还要发现客户没有考虑到的无限种可能。因此"建筑师想要什么"才是一个基本问题。

会议主要介绍一个新项目。我看着介绍性的字眼——"宏大庄严，就像实力雄厚的烟草公司的建筑"，努力思索其中的含义。

对于建筑"风格"，客户提出了两个建议。第一种是"现代欧式"，第二种是"纯现代"风格。为了增加设计被采用的可能性，会议决定按照要求设计两种风格的建筑图。客户大都"叶公好龙"，为了给他们提供选择的余地，我们实行"广泛的承诺"策略。"现代欧式"风格的设计由 HY 负责，"纯现代"风格设计由 NEXT 负责。

根据这次模糊的介绍，阿姆斯特丹和北京方面不断交换草图。我们计划尽可能往南建设，这样建筑空间体积就会达到 $50 \times 50 \times 24$ 立方米。确定好方位之后，我们就要优化设计，使建筑尽可能多地接收日光，设计的重点是建筑入口，并介绍了顶层上的屋顶花园。不同的高度处理展示不同的朝向。

在设计过程中，HY 肯定收到新通知了。因为我发现他们的设计风格由原来的"现代欧式"变成了"古典欧式"，这让人出乎意料。

在介绍会开始前，我们被要求将设计方案用邮件发给客户。我不赞成这种做法，因为这样一来，建筑师和客户的交流就只会局限在很小的层面上。但是我被告知发邮件的目的只是为了"让客户及时了解设计的方向动态"。我发了邮件，也不需要再做口头介绍，因为 2010 年左右，HY 设计的一个古典欧式地标式建筑将在通州附近建成。

让人不可思议的是，中国的建筑师在极短的时间内就设计出了一个古典欧式建筑，他们和我在一栋办公楼里工作，我这个西方建筑师却在不断和阿姆斯特丹的同事交流改进，为中国设计一个"现代建筑"。我觉得这种超现实主义的想法太耐人寻味了，因此在设计过程中，我定期拜访中国的设计师——蒋先生。

我问蒋先生"这种风格"的设计好做吗，他坚定地说"很简单"。接着他又若无其事地说，在上学期间，他学习了很多风格的设计。他又说起建筑师培训。"我们学习模仿记忆中的欧洲经典建筑，比如万神殿。我可以详细地画出它的设计图、立面图和详细的节点图。"

"我就画不出来！"我说，这是我真实的想法，尽管我确实在想怎样可以将这样一个研究方法添加到自己的课程中。上学的时候，除了赫兹伯格教授让我们为罗马的圣德比广场添加一些建筑之外，我没有接触过罗马古建筑。中国的设计任务主要是学习精妙模仿，西方建筑设计的任务主要是在原有的基础上不断创新，这两者存在着明显差异。

我问蒋先生是否喜欢"古典欧式风格"，很明显，他从不考虑这个问题。他回答得很简单："中国的客户喜欢这种风格。"

蒋先生曾经犀利地提出在他看来"西方的建筑师无法像中国的建筑师一样自由设计"。他这样解释道："西方建筑师总是想去改变什么，这就限制了他们的思维。我认为建筑设计肩负着社会职责。"

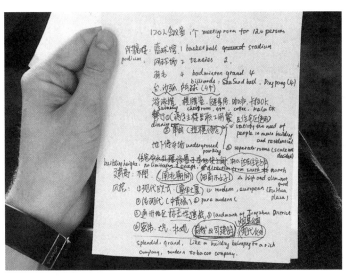

项目概要

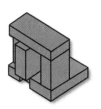

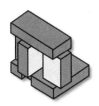

1. 尽可能往南建设

2. 划分开坚固的地基与屋顶，将中间部分垂直化。

4. 经过推拉，增加中间部分的多样性。

5. 各层均能接收阳光

设计步骤

我问他："那个职责是什么？"

"让人们更好地生活，"他回答，"建筑师的任务是为社会服务，而不是只考虑自己的想法。"

"让生活更美好的衡量标准是什么？"

"市场。"他的回答让我很惊讶。

"你这不是在混淆社会价值和物质价值吗？"

"为什么？"他问，"难道市场不能作为衡量建筑好坏的标准？"

"难道我们建筑师不应该摆脱万变的市场，有一些自己的想法吗？"我争辩道。

"你凭什么觉得我们能够那样做？"他惊讶地问我。

回到办公室，我想起 NEXT 以前想摆脱教条，自由设计。然后我发现中国的建筑师真正摆脱了教条的束缚。我已记录下在中国的所有经历，目前为止我把一些笔记和观点记在笔记本上、绘图纸上、酒店餐巾纸上以及晕机袋上，合起来能有两公斤重。浏览第一本笔记，我看到在第一页纸上，记着在 HY 的第一次会议，主题是 NEXT 并不倾向于设计"古典建筑"。

我们认为现代建筑不再划分风格，像比例之类的古典因素最多是设计的一个工具。我列出了足足有一张纸的论据。但是这个问题再也没出现过。回想起来，我已经形成一种本能，每当有限制和前提条件时，我都会尽量避开。我在另一个笔记本上看见这么一句话："在中国，只有问题出现时，才会寻找办法解决。"

我重读了一下我们对古典建筑的观点，然后透过我的办公桌笑着看蒋先生，他正在自豪地和同事谈话。蒋先生兴高采烈，热情洋溢，原因很简单，他匆忙完成了一个设计并用邮件发给客户，客户选择了他的设计方案！

坦率地说，我很赞赏"中国人灵活的设计精神"。

回顾我们不做古典建筑设计的原因，我想我们对于教条的抵制可能不是教条本身。

另外一个教条也尾随而至，那就是创造力和独创性。

对西方建筑师来说，独创性是他们的最高理想。至少现在来说，中国的建筑师只会去模仿过去的杰作，这看起来算不上是理想。高先生尤其喜欢复制别人的作品，但是这并没有对他人造成影响。更重要的是，他的作品都大获成功，他因此也获得了"天才"的赞誉，他崇尚自由创作，讨厌任何道德传统。

但是自由创作与知识产权的界线在哪里？如果一切事物都靠大规模抄袭而来，一个国家怎么实现可持续发展？抄袭现象不仅仅在建筑设计上，正如陈先生所言："在中国你可以发现世界上任何原创事物的山寨版。"他又继续说："中国人可以抄袭复制一切，如果一件事物不能被抄袭，那么我们就会试着去抄袭。"陈先生说这些话的时候，高先生站到了他的旁边，笑得合不拢嘴，不断点头表示同意。他们（甚至似乎）只看到了这个惯例的优势，而没有看到弊处。"第二次世界大战之后，日本也是什么事都复制抄袭，但是看看它如今是如何发展的！"我经常想起这句话。

第二天，HY 的一个司机——李先生，向我炫耀他的新诺基亚手机。

我笑着用汉语问他："是正品还是山寨的？"

他大声笑着说："山寨的。"

"为什么？"我反问道，"因为山寨的便宜？"

"不仅仅是便宜。"说着他拔出了安装在手机上的天线。他转向贾女士，贾女士向我翻译说："这个手机内存大，他还可以用手机免费看电视。"

抄袭已经进入到一个新阶段：一些具有完善系统功能的仿制品替代了文字抄袭，以满足中国顾客的需求。

"中国人很勤奋的。"李先生用汉语冲我笑着说，他指的是"中国版诺基亚"的生产商。我以前也听过这种说法，因此我笑着点头同意。用中国人的视角来看，山寨版诺基亚手机和 HY 的欧洲古典宫殿，都是无可辩驳的事实。

我越来越清楚这种成功的原因，这些产品是对"客户想要什么"的有力回答。

客户还是用户

在中国，顾客就是上帝。建筑师对客户的责任感远远超过对用户的责任感，更甚至已超过职业使命。HY 的字典里没有"使用者"一词，这让我很诧异，因为在阿姆斯特丹，在项目的设计过程中，用户和客户同样重要。基于这个理念，我们在荷兰进行项目设计时，无论是新建还是城市改造，都会让一些准用户参与其中。让用户参与设计过程是一个理想的方法，他们可以在工作室里检验优先事项应该放在哪个部分。

我很想整合一下中国项目中用户的意见，并为此寻找一个机遇，而在一所大学组织的设计竞赛中，我终于获得了这个机会。

我们穿过校门，开车进入校园。大家都很想参观校园，尤其是一些男同事。他们笑嘻嘻地说：众所周知，这个大学里美女如云。

我们的任务是建一个 3.6 万平米的学生公寓群。四个学生共住 15 平米一间的宿舍，宿舍还配有一个阳台，作为外部活动空间。中国的同事不断叹息：他们上大学的时候远没有这么先进的设施。那个时候，什么都很"简单"。

这所大学男女界线划分清晰是另外一个条件。我想起在清华大学和学生们关于城市未来的谈话。清华大学的女生也不能随便出入男生宿舍楼。为了表达我的抵抗情绪，我假装对这个规定很诧异。我向所有人询问男生和女生怎样"见面"、在哪儿"见面"。没有人回答我，他们大都害羞地抿着嘴笑。我无法接受这样的答案，谈起我在代尔夫特度过的大学时代。在代尔夫特，男生和女生早上在一个宿舍楼里淋浴。听到这些，车上的人情绪高涨，但是满脸狐疑。

车子停好后，我们便下了车。我看了一下翻译过来的概要及第三个条件，最主要的要求是让大学校园整齐划一。我看了一下四周，然后得出结论：校园里有很多大型建筑，每个建筑上都有很多入口和楼梯。

我非常热衷于这些条款，严格遵守这些要求，或许我们可以融进阿姆斯特丹的项目运作方式。直到那时，我仍然无法和客户直接交流，也无法和使用者间接交流。这次是一个良机，我们不但可以展示我们的理念，还可以检验我们对未来使用者的设计理念。实际上，我们不但对这个项目的使用者了如指掌，因为使用者都说英语，我还可以和他们直接交流。

我们参观了工地，绕着大学转了一圈，然后回到了办公室。第二天，我只身回到大学。我有很多疑问，也有很多新奇的想法，事实证明，和学生建立关系很容易。然而，要想让他们说出合理的要求和愿望，却不是件易事。我的问题不断遭到质疑，答案基本上都是"我不知道"。几次的尝试都失败了，我开始和一个看起来直言不讳的小伙子聊天。通过足球、汽车等话题，我委婉地向他表达了我很想多了解学生。梁先生打电话约了几个朋友去公司，一个小时后，我带着满满的见识回到了公司。两天之后，我们再次召开会议，这次的成员有近十名学生，男女生都有。我把项目的第一个草图拿给他们看，他们都做出了本能的反应。

同学们的很多愿望已经超出了建筑领域；他们主要想让学校配备更多实用的设施，放松规章制度。在深入讨论的基础上，我逐渐清晰地发现学校的管理者所要求的统一与学生们的想法矛盾。学生们觉得建筑很"不人性化"。他们有时候感觉"很迷茫"，一个女生说出了大家的心声。

建筑草图不断在北京和阿姆斯特丹之间传递。我们决定首先考虑使用者的愿望，把客户的要求先放在一边，在考虑统一的时候，更加关注个体需要。我们没能抵住诱惑，把缓和男生与女生之间的紧张关系作为设计的出发点。两点对称的L型建筑扩大了男女生之间的距离，减少了他们之间的联系，这就很好地缓解了男女生之间的不安。两个建筑之间是两个半露天的庭院，一

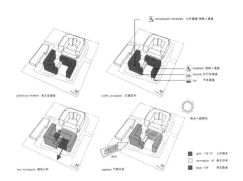

宿合的组织

庭院（从男生宿舍看向女生宿舍）

每一个宿舍房间都具有可识别性。

个是男生的，另一个是女生的。庭院之间用连廊相连，共享基础设施。

冬天，L型的建筑设计可以阻挡冬天凛冽的西北风吹进庭院；夏天，L型的建筑可以为庭院遮阴纳凉。我们希望庭院成为学生们逗留会面的场所。为了达到"预期效果"，让个人隐私和公共交流并存，建筑的所有入口都建在庭院上。就建筑本身来说，为了在统一的基础上体现个性，每个阳台都变成了半个模块。现在在这一片能容纳8000名学生的宿舍区里，你可以享有自己的空间、你自己的地盘。

评委会在对介绍会做结论时指出我们的设计极富创造力。主席最后说："这个设计看起来就像是常春藤在建筑周围生长。"陈先生认为主席的话是对我们的赞美。评委会没有再提与设计有关的问题，结果将会在一周内公布，因为学校的管理委员会做最后的定夺。在等待期间，我收到梁先生发来的短信，他说他们已经看了宿舍楼的设计。最后一句话是这么说的："数你的设计出色！"最后这句话触动了一个建筑师的基本感觉：这是使用者对设计由衷的赞美。

最终结果却不尽如人意。管理委员会认为我们的设计与学校风格不协调，因此我们的设计未被采用。

在中国，客户决定一切。

会见要人

几个月后，陈先生说学生宿舍楼这个项目的根基没有打牢。他不说我也知道其中的原因：我们没有与客户建立"内部联系"。我发现我的价值判断观念变了，在看向陈先生的时候，我笑着向他点头。

"和客户面对面的谈话要比电话谈话好上十倍。介绍会要比面对面的讨论好一百倍。吃一次晚餐要比面对面的讨论好一千倍。一起去 spa 要比一次电话谈话好一万倍。"

这些观点在中国人的心里根深蒂固。陈先生把一些生存的中国智慧对我直言相告。他总是很偶然地向我说起这些，但是他的话里隐藏的根本道理都是不可多得的。

在中国，向客户作介绍、和客户讨论都是饱受争议的一件事。事实上，工程中的所有事项都是靠这些时刻运转的，这些也是工程得以运转的关键点，中国比荷兰更看重这些时刻。这些时刻最能检验一个团队的能力和专业技能。客户在确定发展过程或者情景中的满足感可以从非语言的交流中体现出来。在谈话中要在不同的利益方找到或确定一个平衡点。

介绍会通常在"会议室"举行。会议室的风格反映着客户的类型。大多数情况下，会议室很灰暗，用木饰板装饰，里面摆着豪华的家具。也有"现代风格"的会议室，里面灯光明亮，摆着埃姆斯椅的仿制品。我也经常出入这样的会议室：植物四处摆放，墙上挂着一幅中国画。很多客户把会议室布置成古典的中国风格。我曾经去过一个巴洛克式的"古典风格"会议室，会议室的墙边摆着一排仿罗马雕塑。我还去过未来主义式布局的会议室，会议室用荧光灯照明；装饰品都像是科幻电影里出现的一样。这些时候，激光笔用来划出达斯·韦德式的载体上报告内容的特点。

讨论通常在客户的办公室进行，也有的讨论在饭店的私人包间进行。客户是对的：在酒店的接待室里吃饭和谈生意。有时讨论也会在茶馆、酒吧、俱乐部、做足部按摩或唱卡拉 OK 时、在泡温泉时、购物中心或者车里进行。偶尔时间紧张的时候，讨论会在赶往机场的路上、在高速公路上、在停车场或电梯上进行。我经常听到我的中国同事在厕所里和客户打电话。

一天，我在医院和人讨论。我们进入病房的时候，客户躺在病床上打点滴，她已经睡着了。她的项目经理吃力地扶她坐起来。她看到我的时候，嘴角浅浅一笑。她询问我项目进展如何，然后说："时间有限。"

时间有限？此话怎讲？——就工程而言，还是就她自己而言？

因为空间狭小，她让我坐在床边。打开笔记本电脑的时候，我在想电脑会给医院的设备带来干扰的几率是多大。"建筑师在一次电脑汇报方案时杀害了客户。"报纸上的这种标题在大多数国家都会引起轰动，可能中国是少数几个国家之一，至少中国的建筑界和房地产界不会受到多大影响。

半个小时后，项目经理帮带有满意表情的客户躺下，护士进来检查输液，我们就此离开了医院。

我们要去参加一个公司会议。在阿姆斯特丹，我们通常在每周一开会，这是个惯例。虽然有时会议谈论会因为项目的截止期限而变得短暂，但召开时间从未变过。在中国，会议大都是信手拈来，毫无规律。中国的会议很频繁，需要提高效率，荷兰在这一点上与中国大不相同。陈先生很生动地描述了这种会议文化："中国人喜欢'会海'和'文山'。"

这次公司会议上出现了一个陌生的女孩。

看到她的第一眼，不知怎的，我对她很冷漠，而这种冷漠的情绪激怒了我。十次会议中会有九次出现新面孔。鉴于每次的协商讨论中总会有那么一大帮人固定不变，我的自我介绍也越来越简洁。并不是所有的与会者都会发表意见，很多人在会上一言不发，只管记笔记。因为无法照顾到所有与会者，我逐渐采纳陈先生的建议："只关注重要的人就行了。"

但是我对"要人"的观念与他的不同。

大会让我发表意见，让新来的那个女孩做我的翻译。她的英语水平让我瞠目结舌。她的英语让我觉得很新鲜，因为我已经习惯了"中国式英语"以及只表达谈话"大意"的翻译。我赶紧在某种程度上调整了一下自己的英语，每当中国同事听不懂新来的外国同事说的话时，我就会把外国同事的英语转化成中国式英语，我突然意识到现在我说的就是中国式英语。随着我的自我调整，新来的小姑娘也翻译得流畅起来。

这个女孩姓王，会议结束的时候，我问她有没有时间陪我见一个新客户。她同意了。我们被邀请参与一个建筑面积达 5.5 万平米的研究中心的竞争，竞争名额有限。我们开车行驶了大约 45 分钟才到达客户公司，在路上，我问王小姐流利的英语是从哪儿学的。她说她在加拿大读了几年"国际商务"。我又问她具有什么建筑学背景。"没有。"她回答道。

但是，王小姐提供了一个能跟客户建立实际关系的非常好的机会。我立马告诉她这个项目的有关事宜，还有一些我打算问客户的问题。我说客户的明确回答对我来说很重要，因为那是开始设计的前提条件。前提条件准备得越充分，设计就会做得越好。我又强调说在我们了解清楚项目的概要之前，我们要一直问客户问题。她点头表示同意，并感谢我对她英语水平的赞美，然后我两一起回顾了要问的问题。

我们站在客户的公司楼前，看着破旧不堪的大楼。我不禁怀疑这次是个什么项目。当我们进去，穿过破旧的大厅时，我问王小姐现在是否明白了所有的问题。她绕过一块松动的地板，回答说："只问一些能够得到肯定回答的问题。"因为没有电梯，我们只能爬到六楼，在上楼的时候，我一路上都在思索她话里的含义。

我们在会议室等了十五分钟，副总经理推门而入。这是典型的场景：一个穿着西装、没打领带的开发商，挺着啤酒肚，神色匆忙，坐在会议室里。会议室很典型，里面摆着一张大型的棕色会议桌和笨重浮夸的椅子。他简单地描述了一下前提条件：项目的功能、位置、必需的建筑面积、建筑的最大高度和建筑容积率。他的描述最多有三分钟，然后他看向我，问我有没有什么问题。

通过王小姐做翻译，我直接问他这一阶段的具体要求是否还没有公布，他证实了这一点。

我大体计算了一下，项目占地面积是200米长、100米宽，在确定的条件下，我认为最重要的一点就是保证整个楼层都能照进阳光，最好建有庭院或天井。

"那当然！"他说。

而且，建筑平面图和外观图的灵活性也是设计的一个重要部分，因为我们还不知道研究区和办公区的划分比例。

"肯定！"

还要不要考虑节能问题？

"很好！"他回答道。

我对客户的任务简介表示感谢。我们诚挚地道别，在我们离开进过大厅时，王小姐说："你保全了他的面子。"那时，我没有明白其中的可能性的价值。

两周后，我交上了提案。这一次，同样，我极力避免使用评判性的语言，而是用一种开放自主的方式对他做了讲解。我的脑海里始终有邓教授的影子，在青岛介绍设计时，她只是把方案当作一种可能，而不是确切地回应要求。

介绍会之后一小时，电话响起。我们在竞争中胜出，这个项目将在四个月后动工。

各种感觉交织在一起，让我不知所措，我一点都高兴不起来。事实上，我没有理由不高兴，因为项目是建立在一个无需与业主言语交流的基础上的，那时它是作为一种可能性提出的，而不是一个答案。我打电话告诉王小姐设计被采纳了。我感激地说："虽然客户的任务指示很重要，同伴的正确评估才是重中之重。"她来到我的工作间，我们再次互相祝贺。她借机说她不久要去迪拜为一个中国的玻璃幕墙生产商工作。

我复杂的情绪中又增加了一种感情——因失去了一位难得的同事而产生的失望之情。

远　见

　　"1990 年初对中国的建筑师来说是一个黄金时期。"在这里，蒋先生指的是"经商"，他接着解释道：那个时候，客户狂热地等待着他们的设计图。许多客户甚至挤在建筑师的办公桌前，督促他们尽快做出设计。建筑师交图的时候，客户会给他们一大包钱作为报酬。蒋先生笑着说："然后客户就会离开办公室。"

　　15 年后，现实发生了很大转变，但是压力依然很大。蒋先生随后说工程开发商在争夺土地开发权时，竞争非常激烈。比如，在初选结束后，剩下15 个开发商竞争北京的一个项目，每一个开发商会递交由不同的建筑师做的十个提案。因此，暂不考虑几个世纪来中国特有的"关系文化"，政府就有150 个提案可以选择。幸运的开发商获得土地开发权之后，政府会要求在 20天后动工。

　　相较于荷兰，中国建筑业更像经济发展中的推进器，因此它被赋予了一种不一样的价值。

　　我和一家中国园林建筑公司的总经理很熟，他曾经对我说"中国是一个发展中国家，首先要解决温饱问题，才能解决其他问题"。我认为中国将会不可避免地意识到高质量建筑的重要性，他的话回应了我的论断。当我笑着问他那是不是他公司的经营理念时，他用微笑来回应我。

　　荷兰的建筑公司喜欢吹嘘自己的"远见"和理念。建筑师基于自律的立场有时甚至是以对社会负责的立场来开展工作，并且这种观念尽可能地以敏锐的或者立场明确的方式进行诠释。远见在某种程度上对专业和客户来说就像是一个专业誓言。建筑评论家会检验远见和实践是否一致。但是开发商同样也有自己的"远见"，而且这个"远见"不仅对建筑师所代表的事物有益，也能够促使建筑师的"远见"与开发商的远见相适应。

同其他建筑公司一样，NEXT 也在不断寻找能够描述动机的恰当方式。我们一直想把工作中重要的主题总结成简洁的"宗旨"。主题通常很抽象，远远超出了建筑学的范畴，但是建筑学研究无疑给它们打牢了基础。

举个例子，在公司成立的前几年，人口流动和城市发展是一个重要的主题。随后几年，文脉背景与人文参与之类的主题成为主流。这些主题和发展是我们公司的中流砥柱，为我们进行建筑创新找到了出发点。但是这些也导致我们为了一个"大都市图像"的计划而周游了世界，也为之后来中国开公司提供了背景条件和志向。

在做项目或讨论的准备阶段，我通常会向客户索要关于他们完成的工程以及他们的"远见"的文件。大多数客户只提供一些建筑的图片，我从图片中找不到任何建筑上的联系，因此这个要求对设计没有多大帮助。我们已在中国待了将近一年，我也暂时接受了这个现实。对于如何在中国搞建筑的学习探索与决定项目生死权的客户有直接关系。因此，发现这些客户的动机和目标也很重要。

一天，我们要去良乡，良乡位于北京的西南方，驱车两个小时就能到达。我们要为一个新客户作介绍。虽然我们已经给他了一个方案，但是我不认识这个客户。在设计的前期准备阶段，我要求看一下他们的文件和愿景，但是他们没有给我清晰的答复。结果，我们只能根据自己的想法做设计。对NEXT 来说，我认为这会使我们无法像在荷兰一样从方法的不同角度进行设计。坐在前排的一个中国同事的话语打断了我的思绪，他兴奋地说："我学校的课本上就有这个客户！"

我们正在前往会见"一家大型建筑公司的总经理"的路上。自从"中国对外开放后"，通过搞房地产，他迅速成为了百万富翁。但我只知道这些，却不知道他不是以他的财富闻名，而是以一个现代社会的"模范共产党员"而闻名。他给家乡的每家每户都盖了一栋别墅。

"他是一名非常有名的共产党员。"那个同事说。

我对他还有他的人生观很好奇。

我之前和老庆讨论过几次共产主义。他可以把共产党的宗旨复述下来。"中国共产党为广大人民的利益服务，不会寻求自身利益。中国共产党始终代表最广大人民的利益。党的根本目标是实现共产主义。这是一个长远的计划，需要分阶段实现。我们现在正处于社会主义社会的初级阶段。我们当前的目标是建成富裕的小康社会。"在"小康社会"中，国民的物质生活水平相对富裕。

如果我们的客户是一位"有名的共产党员"，他肯定对实现西方建筑师设计的建筑与中国社会相协调有自己的看法。但是，他对设计的回应却只是"好用"和"好卖"。在介绍会的末尾，他要求从幻灯片上看一下总规划图。他拿着激光笔指着商业部分的简图，按规定商业部分是两层楼高，位于两条街的交汇处。

"这是一个宾馆吗？"他问。

"那儿可以建成宾馆。"我的同事回答。

"这是一个宾馆吗？"他又问。

"那儿是宾馆。"我同事确定地说。

介绍会安排在一栋传统的庭院别墅里，因此不方便在介绍时使用笔记本电脑和幻灯片。为了应付临时的汇报工作，窗户上挂着从附近酒店借来的桌布。借着从桌布上透过来的光线，可以看到客户坐在大安乐椅上。他穿着深蓝色的细条纹西装，系着红领带，领带上有精致的龙。他把头发梳成分头，定着型，戴着银框眼镜，他完全是中国中年男士的典型打扮。他的两边坐着几个助手，助手和他打扮相似，但是远比不上他精致。坐在助手旁边的是一些外来专家。其中一个专家不停地抽烟，一支接着一支。一个女服务员不断给装着茶叶的瓷杯倒水。客户说茶叶500元也就是50多欧元一克，从价格来看，茶叶应该非常好。我想这一克茶叶可能是女服务员一个月的工资。

地上铺着血红色的地毯，墙上挂着一幅像龙一样蜿蜒在中国山脉上的中国长城的大油画。另一面墙上挂着中国国旗。每一张桌子上都放着水果和坚果，在场的人都在津津有味地吃着。我坐在客户对面的中国传统式样的木质沙发上，我渐渐觉得这个沙发很不舒服。我正打算换一个舒服的位子时，陈先生用肘轻推了我一下，对我小声说："为了表示尊重，吃点东西！"我探过身去拿了一个橘子。

我的动作引起了别人的注意，我在剥橘子的时候，坐在对面的男士开始询问。

"他来自哪儿？"有人用汉语问。

"荷兰。"陈先生回答。

"荷兰最出名的是什么？"那个人接着问。

"建筑、贸易和体育。"陈先生肯定地回答。

我剥完橘子，等着看我要不要插话。但是当一个外来的专家问客户他建成的建筑有多少平米时，话题也因此突然转变。客户突然清醒起来，开始计算建筑面积。他不时向一个助手确认一些数据，最后根据公司的资金评估得出了建筑总和。我想趁机通过陈先生问一个问题"这些数目令人惊讶的工程"有什么共同之处？我想通过答案发现客户所持的理念，我希望其中的理念能引起我的兴趣，也能对我们的项目设计有所帮助。但答案仅仅是："因为社会需求大，所以销售业绩好。"讨论的主题又一次发生改变，我边吃橘子边想对我这样的西方人来说，社会主义和资本主义在逻辑上没有相同部分。然而，对客户来说，阴阳平衡、永恒发展变化的辩证过程和无法确定的真理有时候是确切存在的。

那天下午，在"设计花费不大，建筑材料花费才大"的言论中，客户结束了讨论。而这个结论是那天下午我听到的某种最接近潜在哲学的对话。

除了我之外，每个人都点头称是。如果"设计花费不大"，那么"设计"在中国人的心目中毫无位置。但是对像我一样的外国人来说，这个观点不仅在逻辑上是站不住脚的，而且从根本上也是不可调和的。我又一次是满怀诸多疑问和期盼来的，却带着更多的疑问离开。

　　晚上，我看一个纪录片，里面引用了厦门市长的讲话，他在讲话中把马克思主义理论和资本主义价值观很好地结合起来："模范工人代表新时代的工人阶级。他们是党务工作者和党员的榜样。劳动群众引领物质文化的潮流，为城市的经济建设建功立业。"

　　我不断探索正确的价值观之间的联系，我希望能从伪装的超级商业化领域中发现一些联系。

建筑师就像搜索引擎

约翰（生气地）：我们为什么要严格按照要求，在第一次展示的时候就要提供两个不同的方案？客户会从两个方案中选一个，让我们根据"一些建议"修改，然后他们又让我们做另外一个方案，这是为什么呢？为什么其他的建筑师也在背后做同一个项目？

陈（不悦地）：约翰，中国的客户要求苛刻，中国的市场也很残酷。在看到设计图之前，中国的客户不知道自己想要什么样的设计。中国的事情变幻莫测。

约翰：……

陈：欧洲与中国不同？

约翰：市场的严格和客户的苛求不一定会导致现在的工作方式。在荷兰，经过筛选或者竞争之后，客户只会选一个建筑师为他设计。充分考虑客户要求的方方面面之后，建筑师会和客户谈话。就我们而言，我们会和客户以及用户一起在工作室里研究设计方案。这与随意设计完全相反。

陈：约翰，你必须知道，中国现在很看重经济，人们时常感觉时间有限，面临着来自各个方面的压力，包括市场的压力。

约翰：那么，你是说建筑是经济发展过程中的主要部分？

陈：中国是一个发展中国家，必须把经济发展放在首位。

约翰：你说中国的客户不知道自己想要什么，你真相信这样吗？

陈：大多数客户没有房地产的专业背景。我认识一个客户，他在新疆因为盖现代化的猪舍而赚了很多钱。他有自己的建筑公司，因此他成为一个房地产开发商，但是他对建筑学一无所知。和他合作很费劲。这样的例子不胜枚举。你还记得我们曾经谈到的东北三环路上的那个欧式风格的项目吗，那个空置的住宅楼，那个项目由原来的村庄开发。他们找到开发商后就把原来的村落摧毁了，然后就建起了那个项目。但是他们没有建筑许可证，因此到现在那些建筑还是一直无人居住。

约翰：我还真不知道。就像你说的那样，很多村民在村边建起一栋栋高楼，然后整个村子都搬到楼上住，接着他们就会卖掉土地。从乡村到城市只需一眨眼的工夫。但是你又怎么看待上周的会议，那个客户有一个英语流利的助理，而且客户看上去非常专业。

陈（笑了）：他其实不专业，只是看起来很专业。他的助理根本就不懂建筑。他的英语好是因为他学的是英语专业。

约翰（笑了）：老板的下属不能比老板博学？

陈：至少不要表现出来。

约翰：你怎么看待那些出席会议的"营销"专家？

陈：在中国，市场现在极为重要，但是营销公司基本上毫无经验可谈。营销在中国完全是一个新兴职业。

约翰：我经常对他们的介入很恼火，这些必要的信息往往会让你分心，甚至于对项目百害而无一利。

陈：你的意思是？

约翰：当我们设计你所谓的"特殊空间"时，他们的回应通常是："花费大吗？"简单地说，当我们计划使用玻璃材料时，他们就会说："可能会造成光污染吧？"当我们打算使用铝合金时，他们会说："也太现代了吧？"当我们计划使用外部空间时，他们就会说："管理费用太高了吧？"

陈（笑）：我明白你的意思了。

约翰：他们没有远见，为了安全起见，他们会质疑所有突破常规的事物。

陈：那是一个复杂的事情，每个人都可以在这种博弈中运筹帷幄。客户有时需要和政府协商设计，有时是和其他领导人协商，因此他们得有选择的余地。如果没有明确的要求，他们就会得到更多不同的方案。他们邀请的建筑师越多，他们选择的余地就越大。邀请的营销专家越多，他们才能更好地集思广益。

约翰：中国的客户喜欢选择，不喜欢决断！（想了一下）你知道上周一个来自荷兰的建筑记者对我说了什么吗？

陈：什么？

约翰：中国的建筑师俨然变成了搜索引擎。客户一搜索"宾馆"，建筑师马上就会列出各种宾馆设计。客户轻轻地点击缩略图，看几眼扩大图后，就会关闭窗口。与此同时，建筑师会不停地设计各种宾馆缩略图，直到客户点击一个图后说："我觉得这个不错！"

陈（笑着点头称是，略有所思）

约翰：有一点你说得很对，中国的事情变幻莫测。

陈：你的意思是？

约翰：你知道我上面说的那些话，但是我现在也不能确定它是否准确了。

陈：你指的是什么？

约翰：建筑师变成了搜索引擎。

陈：你为什么改变了想法？

约翰：中国的客户太"厉害"了！

陈：你为什么这样认为？因为他们有钱？

约翰：不是因为那个。

陈：那是为什么？因为他们有权势？

约翰：因为他们能够"摆平"任何不确定的事情。

陈（笑着点头，略有所思）

时间和空间

我问蒋先生在组织项目时哪一点最重要，他含糊地回答："关系！"我惊讶地问他："时间呢？"我们互相用质疑的目光看着对方。这种事情很有意思，因为他们总是关注于能否制作一张更大的图片。

在中国，这也许是不确定的，但是我逐渐形成了一种不同的时间和空间观念。我曾经在网上看到过有关理论，现在我可以把理论应用到实践中。在西方，时间仿佛是线性的，每一个时刻依次进行。在中国，时间（似乎更加像）是同步的，或者可以重复再来。中西方有不同的组织事情和确立重点的方式，这让我更加明显地感觉到中西方时间观念的差异。

西方人认为万事万物都有自己的时间和地点；不同的事件是同时发生的。西方人在此基础上处理事情、制定时间表。时间就是金钱从某种意义上说就是每个人要以最大的效率工作。在中国，关系远比西方的时间效率重要。时间只是一种参考，关系真正占据着上风，因此，西方人看重的时间表和预约的时间顺序都要从属于关系。

对像我一样的西方人来说，很难明白中国人对待时间和关系的态度，不仅仅是因为它们都藏在表面之下。它也表明中国人和西方人处理信息的方式不同，获得信息的多少也不同。我觉得中国人认为信息都有潜在的"价值"。因此，只有信息失去价值或者能够获得更大价值时，中国人才会把信息共享。比较而言，西方人不大会搞信息战术，他们很愿意与他人共享信息。

在实际生活中，也就是在开发项目的时候，看到这些不同的时间和关系观念是如何表现的，我觉得很有趣。周先生曾经告诉我说他已经读了六年的博士了。他可以从我的反应中看出我对于他的学习时间如此之长感到很惊讶。

我明确地表明我的惊讶："难道是中国的发展速度是西方国家的十倍之多？"

"我的研究方向太复杂了，"他委婉地回答。然后他接着说："正因如此，时间已经不重要了。"

我用怀疑的目光看着他。

他用过河的比喻向我解释西方人和中国人在做研究上的不同。假设研究员站在河边，研究结果在对岸。西方人会首先分析小河，中国人则会"摸着石头"一步一步过河。一旦河流变得太深或者石头不牢靠时，他就会倒回来，寻找另一个适当的过河地点。

我觉得他的比喻特别令人回味，就笑着对他说："我们把这种中国方法称为'大海捞针'。"周先生笑了。

后来我才知道中国的研究员是在探寻能够助他过河的石头。再后来我发现"摸着石头过河"是一句名言，邓小平用它来描述中国的现代化建设任务。

你改变不了中国，中国改变你

在那个最终发现后的那个星期，我前往一家饭店与老庆见面。老庆想让我尝一下地道的中国菜肴，因为他觉得我作为一个西方人，还没有完全领略到中国的"精妙之处"。我和他在饭店外面碰面，他早就订好桌了。这家饭店确实不错，在我们进去就座前，老庆又给我说：他和饭店老板很熟，饭店干净卫生，饭菜可口实惠。从他说话开始，我就只是微笑。

服务员带我们来到二楼，饭菜都已上桌。老庆打开随身携带的包，从里面拿出一副刀叉和一瓶中国米酒。

"你怎么带刀叉来了？"我故意反问道，其实我知道他是出于礼貌，给我带来刀叉餐具。他只是笑，却不回答我的问题，因为他很清楚我明白他的目的。他拿出两个空杯子，然后斟满酒。他先喝了一口，说和我这个西方朋友相处真的很开心。我说与他这个中国朋友相识也很开心。

老庆出于礼貌，点了很多菜。尝完最后一道菜，我对它赞赏一番，紧接着我和老庆的闲谈变成了严肃的讨论。

老庆：约翰，你现在读什么书？

约翰：我正在学习道教。

老庆：你为什么要学习道教？

约翰：你问这类问题时，我通常应该怎么回答？

老庆：因为你想更好地了解中国文化。

约翰：是的，中国文化，还有中国的客户、同事和朋友。

老庆：你想要更好地了解什么？

约翰：很多。比如人们为什么讨厌绝对真理？为什么没有绝对的价值判断标准，尤其是在集体会议中？

老庆：还有呢？

约翰：为什么交流缺乏针对性？为什么喜欢推卸责任？

老庆：你凭什么觉得你的问题能从道教中找到答案？

约翰：我不能确定，我正在寻找。一个同事跟我说所有的问题与道教和道家思想有关。

老庆（睁大眼睛）：哈，老子！一个真正的智者，一个伟大的思想家！你怎样认为？

约翰：我认为道教是圆滑的，因为它自身很零散，相互矛盾。

老庆：你知道"阴阳"吗？

约翰：它指的是两种本质相反却又互相补充的物质存在。

老庆：你是从哪里知道中国的阴和阳的？

约翰：从汉语和谚语中，从中国人应对矛盾时的从容不迫中，从很多中国的象征事物中……

老庆：约翰，你渐渐领悟到一些道理了。

约翰：有太多道理等着我去领悟……你能给我点建议吗？

老庆：如果你什么都要观察领悟，你是不会进步的。

约翰：老庆，谢谢你的建议。

老庆：约翰，别客气。

午饭吃了有一个小时，该考虑一下买单问题了，当然，我甚至不会去看这个。那瓶"白酒"还剩下一半，老庆把酒塞上木塞，连同刀叉一同放回包里。还没等我邀请老庆下次吃饭，我俩就在外面匆匆道别。

我开始把老庆当作我的挚友。他很聪明，有时会向某个人破例讲他那个时代的故事。他很愿意与他人分享自己的智慧。为了使观点站得住脚，他通常睁大眼睛，挺直腰板，把头微微偏向右边。有时我们会相约见面，但大多数时候我们都是偶遇。他的生活看起来有一定的固定模式。比如，每个清晨他都会穿着法兰绒裤子、运动鞋、戴上个性的小白帽，去附近的公园"锻炼身体"。如果他看见我的话，就会一边喊着"约翰"，一边向我这边快走。然后他会用几句话总结自从上次我俩见面后，他碰到的好事，比如他的股票又升值了，他在谈判中获得了折扣。

我会问他很多问题，我的问题可能看起来很愚蠢或者很没有礼貌。但是老庆却十分肯定我的问题，因为他知道这是我们能够"互相学习"的唯一方式。

"你改变不了中国，中国改变你。"他曾经强调说。

这句话是他克服挫折或者缺点的制胜咒语。它与老庆之前给我说的"生活顺利"很相似。但是，这句话无意中让我想起一个事关我与 NEXT 的存在性的问题。我们真的愿意被中国改变吗？或者，反过来说，我们想要在中国如何发展。

我们在中国的实习期已经结束很久了，留在中国和来到中国的原因一样，都是直觉。对于想在中国如何发展这个简单的问题，我们却无法回答。对于这个情况，我无能为力，一些真理也毫无作用。

在一次飞往阿姆斯特丹的航班上，我曾经列出了一些方案：

"NEXT 作为一家荷兰公司，应该意识到在中国做荷兰建筑。"然后我又写道："我很疑惑。为什么要让中国从荷兰建筑学中获益？迪斯尼乐园和荷兰大使馆的背景和要求完全不同，那为什么答案相同？"

"NEXT 作为西方公司，应该意识到要做中国建筑。"我接着写道："这很不可思议，但却值得一试。不可思议是因为我们会错过用西方思维进行试验的机会。如果仅仅出于更好地了解中国的建筑，那么尝试将会变得很有吸引力。"

"NEXT 作为一家全球公司，要在世界范围内搞建筑。"（注解："令人窒息。在中国，很多跨国公司可以在世界上任何地方搞建设。很多跨国公司依靠的是自己的声誉和作品集以及市场的需求。幸运的是，我们被迫从建筑领域的另一端开发，在这一端上，客户谨慎行事，缺乏在每一个项目上重复的经验。"）

最后我写道："NEXT 作为一家西方公司为中国设计国际建筑。"随后，我把写在这句话后面的内容着重标了出来："很有好处。这样才能有发展的机会。通过探索我们自己的文化价值观和中国文化价值观的不足之处，我们肯定能够找到当前中国状况的特殊的答案。"

几个月后，我正如老庆所说的"你改变不了中国，中国改变你"那样，我的脑海里又浮现出最后提到的那个场景。一家中国公司邀请我参加由一个驻北京的西班牙建筑公司主持的介绍会。西班牙建筑公司的负责人拿着西班牙语的发言稿，一个翻译人员将它翻译成英文，第二个翻译人员则将它翻译成中文。一个中国人问西班牙人打算怎样合作，答案是西班牙人在西班牙设计，中国人在中国制作图纸。假使客户打电话要求和西班牙建筑师直接（立即）见面，那该怎么办。西班牙人没有直接回答问题，只是寓意明显地说："我们在西班牙做好的设计，无需改动，这样一来就不用见面了。"

那个中国人笑了。我现在终于知道中国人的笑里有很多含义，从完全满意到极不满意不等。

这个情形让我想到另外三个场景，我开始想有没有一种文化炼金术可以带来附加利益。第一个场景是我和一名与法国公司合作的中国建筑师的探讨。法国公司向中国合作方派来一名法国建筑师，让他着手建立共同设计部。教中国的建筑师学习法语花了很多时间。合作不到一年就终止了。虽然我知道答案，我还是问那个中国的建筑师合作为什么没能继续下去，他用中文坚定地说："我们在中国，不是在法国。"

第二个场景是和一个在美国公司工作的中国建筑师的谈话。美国的"总部"把世界分成三部分：北美洲、欧洲和亚洲。公司根据这个划分区分人的精力、品质和思想。这个中国建筑师特别指出，领导中国公司的美国建筑师没有意识到在中国照搬欧美陈旧思想的危害。基本上中国建筑师开始发展自己的工作室时常常会带走几十个同事以及对美国建筑师不满意的大量客户。

第三个场景是一次中国开发商们的讨论会，让我惊讶的是，参加会议的人员中只有一位苏格兰合作伙伴，其余都是中国人。更让我惊讶的是，他用一口流利的汉语主持会议。我被他镇住了。他有很多优势，对语言的精通让他比我更容易得到中国的认可。第三个场景最能映射出 NEXT 如何看待自己在中国的发展。但是即使从这个位置出发，文化魔力和文化附加价值的问题仍然持续存在。

作为一个西方建筑师，将"两个世界的精华"融入到设计中的想法太简单而且是不能说明的，一个世界中的"精华"不一定是另一个世界的精华，一个世界的"精华"在和另一个世界的"精华"直接比较时，不一定是最好的。NEXT 和我自己都没有预料到这个难题。中国和荷兰的文化炼金成分在我们以及我的情况中出现了。问题是谁应该成为炼金术士，哪一种成分占主导地位？

我的思绪被打断了。大家向西班牙建筑师的到来以及他们的介绍表示感谢，然后送他们出门。中国人没有邀请他们吃午饭，我觉得这不是个好兆头。

"你改变不了中国，中国改变你"依然在我的脑海里回旋。

事关存亡的挑战

我发现在和阿姆斯特丹的 NEXT 交流时，我变得越来越老练。几个月前，我满怀激情，对中国项目作了正确的预期，可现在我的回答大都是"可能吧"和"看起来不错"。我把陈先生告诉我的信息口头转述给 NEXT 方面。我觉得没有必要把信息转化成荷兰模式；到目前为止，陈先生提供的所有信息都很精确，这可能是因为他对我们的项目说的话都得到了验证。

然而，我发现荷兰发来的草图越来越不符合中国的要求，这肯定会引发中荷双方公司的矛盾。在中国，许多事情都可以用许多方式表达，但不是所有的事情都是可以被接受的。我该怎样向阿姆斯特丹方面解释这个情况？问题是阿姆斯特丹已经把草图发过来了，他们只会把我积累起来的远见当作回顾性反馈。这样的情况根本就不能指导设计过程。通常，当被同化的观点成为决定因素时，我就无法用具体的观点或绝对真理来巩固我的评价。

在"大都市图像"电视访谈期间，我用同样的方式下意识地总结道：中国的环境与荷兰的很不相同，它不会影响荷兰方面的工作，荷兰方面无需做出改变，反之亦然。在原始状态下，荷兰思维很难在中国站得住脚。

另外，中国的 NEXT 也无法与阿姆斯特丹的 NEXT 直接分享其发展和经历。

总的来说，我们有充足的理由来调整原来的策略。NEXT 核心的四分之三在荷兰总部，剩下的四分之一放在北京。我们起初认为在北京发展，我们需要把建筑思维的重点放在荷兰，现在这个想法是不言自明的。但是为了在中国真正搞建筑，就应该把重点放在中国。现在这也是一个问题，因为重点占据的部分很小。如果把设计重心放到中国，阿姆斯特丹方面就要成为北京的反馈机构，这样才能确保 NEXT 是一个整体连续的机构。

就像我们在"世界大都市图像"中发现一种形象的背后隐藏着数不胜数的含义一样，我们现在的任务就是要让荷兰和中国方面在相同的建筑主体下有不同的含义。"中国制造"要变成"中国创造"，要想在中国创造，就要开放中国的"窗户"。从荷兰的观点来看，即使是灰尘和蚊子进入，那么也肯定伴有新鲜的空气进入。

NEXT 面临事关存亡的挑战：我们怎样在不同的环境中实现同步发展？真正的挑战是缩小欧洲和中国之间的精神距离而不是物理距离。最糟糕的是，北京将会制约阿姆斯特丹的 NEXT 的发展，反过来也一样。

最好的情况是，中国和荷兰的 NEXT 可以打破工作和思维上的界线。

三 自由

Freedom

屈　服

如同大多数西方建筑师一样，我的思路建立在对理性力量无条件信奉和现代化教育的基础之上，它们也是项目设计遵循的基本价值观。西方的建筑师，确切地说是荷兰的建筑师往往认为问题非对即错。我清楚记得奥尔多·凡·艾克独创的那个不妥协的真理，它在我的学生时代留下了深刻印象。

但是在中国的环境中，这种思想会不断受挫。这种挫折没有给建筑师留有去发现挫折中潜藏的机会的余地，虽然这些机会会极大地充实项目。相反，在大多数情况下，挫折会让人陷入僵局和间接枯竭。

正是这种差异开始在我的思维中发挥着越来越大的作用。我理性地工作，但是我越理性，就对我越不利。意识到这个问题只是小小的第一步。我要做的重要一步是尽快突破我的参考架构进行设计。

我要重新开始。

"那儿是一片不毛之地！"高先生斩钉截铁地说。我们伏在一张中国地图上。我手指着宁夏自治区首府银川。"银川这里至少有几百万居民，怎么可能是不毛之地？"我反问他。他想了一下，又重复道："银川那儿就是一片不毛之地。"

我很快做了决定，两天后，也就是星期五的晚上，我动身前往这片"不毛之地"。我的中国同事无法理解我对旅行的迫切，他们更喜欢在鲜有的休息时间"休息"。两个小时的飞行后（从北京出发），我于午夜抵达银川机场。

一辆光线暗淡的私人出租车沿着一条崭新高速公路将我送至酒店。我觉得随着我的汉语水平不断提高，我对中国的认知也在逐步地扩展。

第二天，我很早就起床出门了。酒店坐落于一条繁华的商业街上，两侧都是大型购物中心。大型购物中心还在施工，不远处中央商务区的轮廓已初具规模。这儿已经没有太多空地了。看样子，银川也已经参与到中国现代化建设中了。

当天下午，我碰巧经过一个汽车站，惊讶地看着大批人群挤在似乎能够运输一切的又小又破旧的公交车上。由于车顶上捆绑了行李，一些汽车的高度是正常高度的两倍。我临时决定随便坐上一辆汽车。这辆车的司机正坐在方向盘后面吃一个盒饭，看到我进来，他抬起头，有点惊讶。我笑着用汉语说了一句"下午好"，然后坐在了他后面。

十五分钟后，车里坐满了人，我们启程出发了。一位女士在剧烈摇晃的车上熟练地挪动着售票。三站之后，车上上来了更多的人，我们出城了。半个小时后，柏油路变成了砂石路。一个小时后，已经看不到城市，我们正在驶过一片沙坝。

在一个村子里，汽车停在一个等车的母亲面前，她还领着两个孩子。他们三个上车后，母亲让两个儿子坐在我和司机之间的行李上。汽车再次启程时，其中一个男孩紧张地看着我。出乎我意料的是，他竟然哭了起来。我转身看向他的母亲，妈妈用断断续续的普通话告诉我他之前没有见过外国人。

在一片旷野中行驶一个小时后，女售票员小心地问我到哪儿下车。汽车离银川越远，我就让她越不安。"终点站。"我说。我的回答，也可能是我的汉语回答，让她心安了不少。

半个小时后，她告诉我汽车到达终点站了。此时，车上稀稀落落地坐着的几个人正在准备下车。女售票员递给我一张写了很长时间的纸条。她解释说这是客车驶离本站开往银川的时刻点。她强调说这是返回银川的唯一一班也是最后一班车。我诚恳地向她表示感谢，然后下了车。

几分钟的工夫，车顶上剩余的包裹没了，车上的人向四面八方散去，最后消失了，汽车也驶走了，我的视野更开阔了。车站的上面是波浪形的铁质屋顶，里面摆着最多三张长椅。村子只有一条路，两侧房子不超过两层高，二层都被广告覆盖着，和整条街道一样长。路上没有车辆。牧羊人正赶着羊群过马路，不时小心地看我一眼。

我走到街的尽头，经过最后一栋小楼后，我向沙漠走去，直到我看不到任何建筑、任何人为止。

我在一片空旷之中。

我向四周瞭望了几次，凝视着地平线。我现在就在中国的地理中心，我看到了沙洲、枯草、高山和朦胧的地平线，还有……空无人烟。

我拍了一些照片，然后回到村里等汽车。

在长途客车上的那个女售票员热情地招呼我，我也和她打了个招呼。在回程中，天渐渐黑了。当我们到汽车站的时候，银川已是灯火辉煌，霓光闪烁。我返回宾馆，第二天一早搭乘出租车来到机场。到达机场一小时后，我坐上了飞回北京的飞机，一个小时后，我到家了。

接下来的一天，我和周约定一起吃饭。他问起我在中国的经历。我讲完之后，他简单地建议说："在中国，有时需要以退为进。"

"以退为进"，我自己又重复了一遍。这不正是两天前在旅行中我想要达到的境界吗？

"既现代又国际"

银川之行给我带来了一种自由。我不再狂热地寻找答案，而是越来越精明于对一些不确定事情的处理，我只有这样才能够突破自己的参考框架进行设计。

HY 问我 NEXT 是否愿意为我们新的联合办公楼做室内设计，基本指示就是"你可以自由地设计"。

我第一次来到到 HY，接手设计山上的宾馆时，HY 的指示也是"自由设计"。我初次来到 HY，接手设计山地酒店时，HY 的指示也是"自由设计"。在按照其开放式的指示作出设计后很长一段时间，一直没有结果。我回到北京后问起这个项目的情况，有人告诉我："还没有消息，我们正在等呢。"等了相当长的一段时间后，我还是没有听到关于任何与设计有关的消息，因此我推断项目还没有取得进展。非强制性的指示与理想要求相差甚远；这就像是希望击中不断移动的目标。在这种情况下，"自由设计"让我很矛盾。

满怀激情地接下项目后，我大声地问自己："自由设计？""如果一切皆有可能，那么没有什么是可能的，"我试图解释道，"难道没有绝对的先决条件吗？"

质疑的眼神看向我，然后是直截了当的回答："我们希望它是既现代又国际。""既现代又国际"听起来与"自由设计"一样令人不安。

我提议组织一个研讨会，每个部门必须派一名代表参加。代表可以先列出各自部门的希望和要求。基于这些前提条件建筑师可以根据这些准备活动

传统景观 "廊"

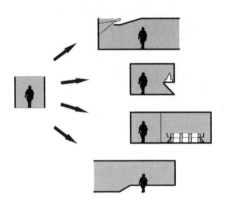

标准的廊道变成了演示区、展览区、会议室和等候区

走廊设计

制订一些方案，并与代表们集中讨论这些方案。然后代表们可以向自己的部门汇报提案，以便获得更多设计建议。

我想重点介绍我的提议，但是在场的人的各种各样的表情告诉我这个提议没有得到通过。于是我静下心来，等待他们发表意见。我的研讨会提议被婉转地拒绝了。理由很简单："你应该向我们提建议才对！"

因此我接受了"自由设计，提建议"的指示。

由三个不同却相互关联的公司组成的 HY 集团将要和 NEXT 联手共用一个办公楼层。根据发给阿姆斯特丹方面的原始图，我们确保自己是一个强有力的团队。我们把中国传统的景观走廊——连廊作为设计出发点。采用诸如等候、讨论、放映、展示一系列行为活动作为设计动机，在剖面和楼层平面设计上转变传统意义的走廊。通过承载这些行为活动，连廊已不只是一个连接部分。

第一次演示很粗略，我想让大家多作一些评论，以便我深入构思设计。其中，各个部分统一设计的想法得到了大家的肯定："很好，这样一来，每一个小公司看起来变大了。"但是，半工业化且极简抽象的办公间设计没有得到正面回应。"看起来像是贫穷公司的工作间。""可能不适合中国市场。"还有的说："不大有创造性。"之后我意识到"公司化"和"有条理"的布置会更好。

在最后一次介绍中，从概念到最终的细节，整个项目全部被讨论了一遍。当我着重介绍突破传统的景观走廊设计的时候，得到的反应是："不用说这个了，我们很喜欢你的设计，因为它既现代又国际！"

几周前，我很抗拒"既现代又国际化"的要求，我会问："既现代又国际，这些空洞的概念在中国有什么价值？"然后，我的结论很可能是："没有任何主旨的暂时的完全自由设计可能要从基本入手。"

这种态度现在已毫无意义。设计就要变成现实，1200 平米的室内设计将在 45 天内完工。届时，NEXT 和 HY 都会搬进来办公，占满整个楼层。执行设计好过任何调查问卷，将会给我们的思想如何影响实践这个问题带来一定启示。

更好地观察

老庆曾经说过，"如果你什么都要观察，你就不能进步。"我笑着认为我已经开始选择性地忽视，但自相矛盾的是，我也正开始更好地观察事物。我在中国的前几个月，面对各种各样的项目，我都不知道把精力放在哪儿，如何划分精力。每一个项目、项目的每一部分看起来都需要重点考虑。如今，随着实践经验的增加，我变得更加现实。每走一步，我都要分析精力投资，评估重点，然后把这些技巧具体地应用到项目中。

如同很多启示一样，这个启示也是在无意识中形成的。它产生于一个新项目，我在两个不同的场合中意识到这一点。第一次是在我意识到这个新项目的内在事项时。

这似乎是很诱人的简介：一个乡村酒店，我们还从没有做过这种项目——除了此前北京延庆的酒店项目之外。项目建设地后面环山，南边最显眼的位置是一个大湖，地理位置非常优越。在我的中国同事看来，项目的位置体现了完美的好风水。在与客户一起考察期间，客户也高度评价周围环境的潜在性："它就是离故宫远了点，否则皇帝一定会在这里建行宫的。"

我们继续往前走，在路上听到一些"内情"："当地政府不希望在这里建酒店。"因为这句话，这个项目瞬间从一个建筑项目变成了政治项目。此时建筑师的作用突然显示出来：客户需要一些设计图纸以便能够与政府协商。

我们要设计一个豪华五星级酒店，起初包括会议中心、健身设备和温泉浴场以及能够让人们在轻松愉悦的氛围中进行商务活动的所有设施。但是根

酒店融合于山峦之间

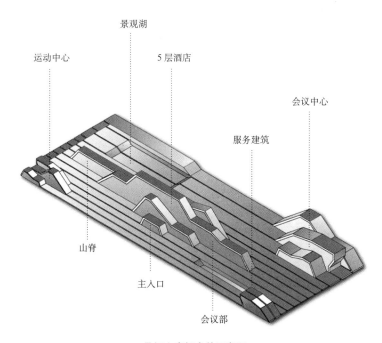

最初山峦概念的示意图

据当地政府的说法，项目变得不切实际。很多事前准备都毫不相关。比如，建筑面积不能超过参考值：比较乐观的估计是 60000 平米。酒店的高度已经确定：不能超过限制楼层数，尽量减少对周边环境的影响。

客户再次强调了项目的重要性，他严肃地说："建筑师在这个项目中扮演着外交官的角色，不可或缺！"通常，"外交官"会遭到猛烈抨击。NEXT 会起草一份草案，HY 会提供好几份，其他建筑事务所会做"更多提案"。

鉴于设计变成现实的可能性很小，我们把这类项目当作一种有趣的建筑精神锻炼。项目要求在短时间内做出设计方案，这是完善阿姆斯特丹与北京互动的绝佳时机。这种互动随着时间的推移已经上升到一种交流模式，几句话抑或是一个图表就能进行设计探讨。这样一来，我们的设计就会发展得更加清晰明了。

在 HY 拥有完善方案之后，我们开始发动攻势了：首先用摧枯拉朽的气势让人们信服，然后把精力放在"眼下的细节问题"上，比如建筑面积和内部功能组织问题。

我们的方案集建筑性、外交性于一体。我们希望加强和突出在外景发现的那些独特的美。我们根据山脊的层次确定酒店的建设，这样就使酒店与自然环境融为一体。而且这也与背景形成了一种抽象关系，同时也满足了一个"非酒店"的"政治"要求。

客户把我们的设计拿给当地政府过目，然后当地政府邀请我们介绍设计。在前往政府办公楼的途中，客户显得很紧张。他强调我们必须恭敬地接受政府提出的任何建议，并且一再重申我们外交官的角色。当政府办公大楼映入眼帘时，我突然感觉这是一次高级别的外交活动。当办公楼的大门缓缓打开，我们朝美国白宫式的大楼行进时，这种感觉更强烈了。

在远离北京的一个地方看到白宫式的建筑不足为怪，看到一个在西方来说名不见经传的城市的勃勃雄心也不足为奇；真正奇怪的是看到这些，我只是笑了笑。当中国同事告诉我中国有很多白宫的仿品建筑，我也只是笑了笑。坦然接受了这些超现实的情况后，我又朝着现实迈出了微小的第二步。

聪明的家伙

这就意味着要迈近现实，你需要勤奋工作而不是无计划地盲目行动。我们接下来的项目条件非常好，因为我们可以直接和客户协商。但是过程依然充满艰辛：客户是一个 45 岁左右的高贵女士，她在我们之前已经耗尽了四个营销公司的精力，因为她的想法和意见变化莫测。

这个项目占地面积有 2500 平方米，周围是高档酒店式公寓。我们希望与建筑外部建立一种关系，提出了三种不同的设计方案。星期五下午，第四个方案也被否决了。客户想要在周一上午得到两个新方案。这个速度是必要的，因为项目已经在建设中了。但是，我们却不知道客户到底想要什么样的建筑。我们只想知道出于什么原因，她否定了我们之前的四个方案。我们也不知道她为什么不认可我们高品质的设计主题——与建筑外部建立一种关系。有没有与她想要的建筑类似的项目可供参考？

她努力想了一下，叹了口气，没有回答。营销公司的一个男士跳出来表达他们对建筑设计的看法："五行。"

客户笑着说出了一个她很满意的建筑名字：建国门的柏悦酒店。我知道那个建筑。我曾经住在它旁边，它让我比较震惊：淡黄色的石材和玻璃幕墙位于同一个平面之上，巧妙地共同作用于果壳形的建筑上。然后她还提了天安门广场附近的一个政府办公大楼，当时我完全想不起它的样子。之后她要急着赴约，向我们表达歉意之后，她就走了。

我们直接去了柏悦酒店和天安门旁政府办公大楼。政府大楼和柏悦酒店

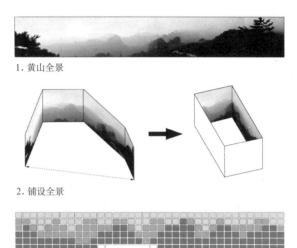

1. 黄山全景

2. 铺设全景

SOUTH EAST NORTH WEST

3. 展开立面

庭院全景

一样，表面也镶着鹅黄色的石头，但窗户是方形的（凸窗）。于是我们在车上打电话叫效果图公司派人过来加班，等我们返回公司的时候，效果图制作人员已经在等我们了。我们把两个建筑的外立面画好交给他们。这时已是星期五的晚上了。

几个小时后，我躺在床上，焦躁不安。我们在前四个方案中耗费了大量精力，差点搞砸了这个项目。天还没有亮，我从床上爬起来，打开笔记本电脑……五行？

我不得不开始欣赏中国营销业，它是一个复杂的专业领域。它需要考虑到各个细微之处。中国的营销和荷兰的相比，过度看重表面效果以及形式和目标信息的直接关系，这是很矛盾的一点。

我想起和蒋先生的一次谈话就忍俊不禁。他固执地说中国的一切甚至是天气都是可以调节改变的。我在北京听说过"人工降雨"。通过向天空中发射装有化学制品的炮弹，使天降雨；烟雾散去，天空变蓝，这样就可以保证重要节日或者重大事件时天气晴朗。蒋先生继续说："在住宅楼开盘销售前，开发商会在高楼房顶上安装造雪机。这样就能在没有下雪的圣诞节让天空下起雪来，伴着悠扬的圣诞歌曲，成千上万的公寓便可在浪漫的冬景中销售。"

然而，一些细节问题容易被忽略，比如避讳的颜色、不吉利的数字等。或者寻求相同的口号和文本也是不可能的，即便是相同的文字，也不能在中国诸多方言中有着同样美好的意义。我有时会忽略一些细节。但是显然营销公司已经用其概念触碰了敏感点，尽管这可能仅仅是因为它想比其他营销公司做得更久一些。

中国哪个壮丽的风景区体现了五行？当晚我坐在电脑前自言自语道。这个地方就是黄山，黄山是黄色的，位于上海西面的安徽省内。黄山融合了中国的哲学、文学、诗歌和艺术。这座神秘的山每年都会吸引成千上万的游客前去观光游览。我们何不把黄山的全景作为建筑的外表面，试着通过调整窗台的不同深度来显示层次？

一个小时后，我在办公室里又完善了一下设计构思。建筑外表面呈现出的黄山全景与庭院中的水景联系在一起。再用百叶窗作为屋顶，在百叶窗上描绘出天空云彩的抽象图案，设计图就基本完成了。这样，天空、全景画和景观和谐统一，浑然天成。

星期一上午我从容地介绍了柏悦酒店和政府大楼的仿本。然后我满腔热情地告诉客户我们根据五行的原则准备了另外一个方案设计。

第一张幻灯片中黄山充满了整个屏幕，而后展示的是将山脉的全景规划设计在四个立面上的图表。紧接着是带说明的渲染图：分层的凸窗全景，庭院和天空的联系，外立面的石材，水晶景观和像云的百叶窗。

营销人员笑了。

客户反应很热烈。"你是个聪明的家伙！"她大笑着说。

我谦卑地笑着，意识到，虽然已经很严格地审视了客户的问题，但还是找不到项目的提升空间，所以只能接受问题。就设计来说，我们采用的"概念"对我们自身没有意义，我们把"概念"抽象成为一张图像、一个外表面而已。

阿姆斯特丹是不会允许这种情况发生的；此外，它也违背了我们的工作方式。但是它在中国是行得通的。这是一种整体损失，还是对工作和思维的扩充？

无论怎样，它还是相对地增加了一些建筑自由。

分　化

　　在荷兰，我们的目标是尽可能地从项目的多个方面进行设计。在设计过程中，我们先从内部开始，由内而外。过程和想法的成果就是形式和图像，例如，我们会探索建筑的内在品质；形式和图像很显然并不是最终目的。

　　从这个观点来看，这个庭院的设计不如我们设计的儿童日托中心具有荷兰特色。后者着重通过干预来获取内部自由空间，板状的设施挤在既定的集中空间里。设计的目标是获取内部自由空间；结果就是改变了外观。这样，内部和外部就能紧密联系在一起。

　　相比之下，庭院设计很符合中国建筑师的设计方式：由表及里。在做设计的时候，他们通常会遵循一个超出自己能力的工作日程：首先，外部设计的图表和图像要得到客户的肯定；然后才会考虑内部设计，照顾一下用户或集体的利益。

　　我第一次知道这种反向的设计方法是在青岛的奥运会项目中。从那以后，接二连三的现实让我震撼。纯粹的由表及里的设计思维在西方建筑学演讲和西方建筑学校中是不可思议的：组织空间和功能是建筑师的首要任务；其次才是根据时间和意义做出形式和立面设计。这条西方"规则"与中国的建筑设计方法直接相反，中国的建筑师认为外观和意义比空间和功能定位更重要。

　　然而，这种中国式的工作方式与其说是一种基本的设计方法，不如说它更像是一种策略。首先，项目在正式委托时常常是未知的，因此就不能成为设计的出发点。另外，中国人普遍认为如果你不先做好外部设计，为什么要

"龙鳞"公寓建筑

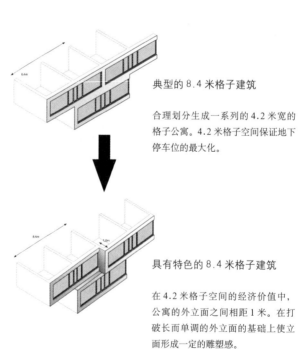

典型的 8.4 米格子建筑

合理划分生成一系列的 4.2 米宽的
格子公寓。4.2 米格子空间保证地下
停车位的最大化。

具有特色的 8.4 米格子建筑

在 4.2 米格子空间的经济价值中，
公寓的外立面之间相距 1 米。在打
破长而单调的外立面的基础上使立
面形成一定的雕塑感。

在接下来的内部空间和功能的定位等问题上浪费精力？

建筑师都能够清楚地认识到外部和内部设计不一致会招致很多问题。"我可以在任意空间内安置任何功能。"蒋先生曾经骄傲地对我说。我不得不承认他在之前的很多场合证实了这个观点。

自从意识到中国的反向设计方法之后，我们有很多与中国式设计方式相矛盾的经历。比如，我们花了两周时间做一个住宅楼的设计，住宅楼长 250 米，建筑面积有 3.5 万平米。根据设计条件，我们不得浪费建筑面积，因此我们不能把整个大楼切分成几个小部分。为了满足日照要求，我们也不能过多地增加建筑高度。那么我们怎样使这座长达 250 米的大楼同时兼顾用户利益和周边环境呢？

研究表明，我们可以将每个公寓旋转一定角度，而端头可以设计得极为经济，贯穿于每一层楼。这样一来，住宅楼的尺度就会变小，仅用两种不同的建筑语言就可以打造出一个具有雕塑感的立面。

在中国同事眼中，建筑外表如同龙的皮肤。龙在中国是一个神话动物，象征着权力、财富和幸福。但是客户并没有对此表现出多大的热情，原因也无从而知。

"设计不错，项目很烂，"陈先生评价道，"我们可以把它用到其他项目上。"

我怀疑这个设计是否可以称得上"好"。毕竟，它还不是一个全方位的设计：我们不知道用户的要求，也不知道尺寸和公寓内部的建筑结构。但是我的中国同事很快解答了我的疑问。他们用举例的方法指出，万科，中国最大的住宅开发商，有专门做平面图的研发部门。因此，建筑师在设计中不一定要考虑"单元"（汉语"户型"的英译）问题。

我的问题"什么是建筑师的设计范畴"得到了简单的回应，"概念，对景观的直接感觉"，尤其是"建筑立面"。我自己不怎么相信这种对设计要求的狭隘定义，但是我的态度却有一丝转变。我开始不断探寻设计要求的真正定义。

在一个新项目中（项目位于北京的东北部，之前是一个工厂区），我有了新发现。这个项目挨着"798"工厂，工厂建于 20 世纪 50 年代，是在东德

现有的厂房基础

基于现有厂房基础的设计使得景观和路径与建筑的关系更加密切。

的帮助下建成的包豪斯建筑风格的厂区。在我刚到北京的前几周，周先生就带我去过那里，之后我又定期来过几次。在参观新项目基地前，客户的项目经理先带我们参观了"798"地区。那是一片引人入胜、让人流连忘返的地方。之前的工厂现在都在经营创意产业，商务贸易也不断增加。该地区氛围非常好，你在北京其他地方绝对体会不到。交通也很通畅，不像北京城区内那样车辆拥挤不堪。环境特别好，建筑规模比北京城区内的要小，北京可是中国的政治中心。

之前的工厂也就是现在项目的基地就在"798"旁边，是由俄国人在同一时期建造的古典俄国风格建筑。除了之前被划为"商务园区"之外，与"798"相比，这个地区在尺度和气氛上更具人性化。

我紧跟着 HY 的同事，看到一个长 260 米、宽 60 米的大坑，大坑的地基已经打好了。梁板间野草丛生，很显然之前的建设已经中途搁置一段时间了。客户的项目经理告诉我们之前想在这里建一个工厂，但是打好地基后发现建工厂已经过时了。现在要在打好的地基上建一座办公楼。

根据现有的条件，我们设计的建筑包括很多部分，各部分用过街通廊连接。这样，城市线路就成为建筑不言而喻的组成部分。建筑的四周各有一个半封闭的庭院。于是，建筑周围的绿色环境可以自然过渡到庭院。

客户对我们做的大量研究十分赞赏：对他而言，设计理念与该地区"商务园区"的发展理念相吻合。但是他不太认可我们在大量研究的基础上做出的复杂设计。他说："把设计做得再简单一些，如果有需要，我们会在六到八年内重新设计大楼的立面。"

这个实例又体现了"建筑分化"的困境，在中国"内部"和"外部"不像在西方那样是相互依赖的。这一次，不仅仅是隔离的设计大纲和工作方法与荷兰的习惯做法相反。情况远比那个复杂得多：如果项目的"部分"会随着时间改变，如果缺乏联系或联系被代替，建筑师又怎样使提出的设计方案不会随着时间的推移而发生质变？

屈　服

　　"分化建筑"的说法与中国建筑的工作方法完全吻合。这类建筑可以在"最短的时间"内"收到很好的效果"。只要客户不认可建筑的外部设计，就无需在内部设计上耗费心思。无论怎样无计划的设计项目，中国的建筑师似乎都能设计得如鱼得水。如果说建筑分化是建筑实践中不成文的规定，很多中国的建筑公司都很擅长这个工作。

　　HY 公司中文全名的最后一部分翻译成英语是"建筑服务公司"。从公司名称可以看出，这种商业公司提供服务的想法是显而易见的，但是我在荷兰基本上没听说过一个建筑公司会把自己的工作定义为"服务"。在荷兰，建筑和它的文化价值紧紧联系在一起，因此不会把自己定义成服务业。

　　在中国，服务理念看起来有无尽的好处。服务是一个很神奇的词，直接关系到与客户的友好关系。只有建立友好关系才能互信，因此与客户建立友好关系是建筑师首要的也是最重要的工作。只有互信才能得到客户的认可，只有得到客户的认可，设计才会有意义，设计才有可能变为现实。

　　曾任职于一家著名荷兰建筑公司的建筑师告诉我，尽管他的公司做出了十分负责的建筑设计，且在建筑领域享有很高的地位，却没有回头客。他的公司只是不喜欢让步，这虽然对建筑有利，却不利于和客户建立友好关系。我把这个事说给胡女士听，她很不解地问："为什么？在中国，客户是我们最好的朋友，我们希望与他们建立长期关系！"

　　与客户建立并维持关系是一个中国的建筑公司绝不会疏忽的任务。完成任务的通常做法是提供服务。

一种服务形式就是动用个人关系，比如尽快拿到建筑许可证，或者在城市规划框架中，为土地征用做整体规划。根据设计和参考土地价格，客户一旦有意向开发，建筑师就能获得设计项目。但是说"辅助"立面设计，说明服务也可以是建筑的本质。对很多客户来说，要求提供立面设计是最自然的要求；对建筑公司来说，这也是要提供的最基本服务。这样会有双赢的效果：建筑师获得机会来展示自己的品位、建立和维持关系的能力，客户可以有更多选择余地。

"辅助性的立面设计"产出很大，我估计应该是市场需求的几倍。我在荷兰从没有听说过这种"灰色建筑市场"。所有的比较都在公开的建筑竞争下进行，即数十家建筑公司通常都是自愿无偿参与竞争。

但是在荷兰，参加竞赛都是自主的选择。中国建筑公司的"辅助性的立面设计"却不是自愿的。它也许是对服务条款的最具体的体现，也是为数不多的与潜在的客户建立关系的机会之一。这也是中国客户邀请外国建筑师参与项目的原因。往往客户只是在寻求"更多回馈"，通常也会借机为其他项目的合作"检验"一下外国建筑师的能力。这些项目通常用于间接"激发创造力"。项目规划因外国建筑师签订的分包合同变得支离破碎。有时整个项目就这样泡汤了。但是这也有反作用：有时你自己拿到分包项目，有时别的建筑师会把他们的项目分给你。"服务"作为一种建立客户关系的投资，给建筑分化设计带来了真正的风险，也使从众多选择方案中选出来的正面图与建筑必要的内部结构不一致。

在建造庭院和外观像龙鳞的建筑以及在旧厂房基础上的办公建筑之前，我们只有这类建筑分化方面的间接经验。我们同样在"提供服务"这方面也没有什么经验，但是所有的这些将随之改变。

胡女士暂时把公司交给杨先生管理。星期三上午我在走廊上无意中碰到他，他惶恐不安地告诉我一个重要客户今天早上给他打电话了："客户对最重要的一个项目立面设计不满意。"杨先生问我下午有没有时间去看一眼设计，顺便给点"建议"。

建筑融入天空。

当天下午我得知 HY 参与这个项目已经很多年了。这是个重要项目，占地面积大约 20 万平方米，包括一个五层楼高的裙房，裙房上面是五座 100 米高的摩天大楼。起初想把大楼设计成办公楼，随后又想设计成带有酒店的办公楼，现在的设计是带有酒店的公寓楼。

我看着设计图，仔细研究我第一次来参观办公室陈先生展示给我的"大项目"的轮廓。我看着陈先生向他问道："这是……"还没等我把话说完，他就兴奋地说："是的，是的，这就是那个大项目……"

HY 从一开始就参与了这个项目，主要负责大量的研究调查、拿许可证和施工图。原来的立面图是一家美国公司做的。随着工程规划的改变，客户问 HY 能不能改一下立面设计。一周的时间，HY 做出了各种设计方案。现在又出现了另外一家建筑公司的设计图。"客户非常喜欢他们的设计。"陈先生说，面无表情，不安地摆弄着激光笔。

那天下午，会议室被明显的紧张气氛所笼罩。那天是星期三，客户要求杨先生星期五交上一个参考方案。这是个已经动工的大项目，对 HY 来说也确实是个机会，可以把这个已建成的项目作为公司的业绩放到作品集中。但是从客户只是要求提供参考方案来看，客户对我们没有信心。如果测试结果不能令人满意，那和客户的未来合作关系就会面临威胁，情况会很糟糕。

我们紧张而兴奋地分析了那家公司提出的新建筑立面设计，以及我们之前被否定的方案。由于缺乏评判的标准，我们只能说这个设计是建立在大量使用玻璃、过高的"管理成本"及过度地使用"昂贵"材料基础之上的。我认真地旁听了讨论会后，觉得我帮不上什么忙。

突然一个决定如雷贯耳："建筑师们，努力工作吧。星期五就得交上设计！"

我目瞪口呆。中国的建筑师们马上去书架上寻找参考资料。我回到办公室，重点做一个尚未确定的项目，其中包括两栋 80 米高的大楼。然后杨先生进来问我是否可以帮助他完成这个项目。在星期五到来之前，还有不到一小时的时间做设计，剩下的时间需要详细地绘图和制图。

我怎么可能在不到一小时的时间里做出 20 万平米建筑的立面？

我说我会尽力做，闻此，杨先生放松了不少，然后离开了我的办公室。

我透过玻璃隔板，凝视着那些正在疯狂翻阅建筑书籍的建筑师们。然后我开始看自己的电脑屏幕，电脑上是关于尚未确定项目的两座大楼的第一阶段的设计方案。我毫不犹豫地把项目的两座大楼的设计变成了五座大楼。

两晚之后，一切都已完成，我们驱车来到客户的办公室。此时我筋疲力尽，仅靠兴奋的神经支撑着身体，我向客户介绍立面图的设计理念。在办公楼和公寓楼之间有一座联系桥，这样将来调整时，就无须更改建筑许可证。我继续说：在设计中，石材和玻璃是渐进的关系。大楼的底部多采用石材，可以使整个综合体的基座更加稳固。再往上走，建筑外立面上的玻璃越来越多，这样就会使建筑产生融入天空的效果。公寓楼越高，视野和光线就会越好。视野和光线越好，公寓楼的潜在市场价值就越大。

这可能是我成为建筑师以来第一次套用市场观点。

"那正是我想要的。"客户说。

在中国这被称为"马到成功"。马到成功容易让人上瘾。

从会议室出来，我急匆匆地来到机场赶最后一班飞机，飞往中国东北部的海港城市——大连。我发现自己逐渐被 HY 希望传达给我的力量牵着走，我需要用旅途的间隙来反思一下。

我在机场给阿姆斯特丹的 NEXT 打电话，因为时间仓促，阿姆斯特丹方面对项目的动态毫不知情。但是合作伙伴都不在，于是我把想法告诉公司的坚定分子约斯特·利蒙斯。当我向利蒙斯复述故事的时候，我也在对自己说：这些不仅是说给他们听的，也是在提醒我自己。我们一直忙于设计"大项目"，从没有停下来问自己正在干什么，但是，以时间紧张为借口，我毫无原则地把别的项目的设计拿到这个项目上来用。

这种做法与我原来的价值观、我的思维模式以及我在阿姆斯特丹的工作方式相矛盾，在阿姆斯特丹，客户和用户的理想规划和愿望都会变成与街景和室内设计完美统一的建筑。在这种思维模式下，立面图没有机会成为一个独立的设计部分，更不必说设计图可以在一小时内从 A 项目用到 B 项目上去了。

站在北京和阿姆斯特丹的精神桥梁上，我开始被北京吸引。我登上飞机的时候，我觉得自己已经意识到这一点，而且我的自由意志也倾向于那里。

西方人的良心

自从我们来到北京后，公司里的西方建筑师日益增多。其中的原因是通过与外国建筑公司合作，不同"设计智慧"的相互作用可以提高项目的"质量"。

这个情况也帮助我们在中国保持一颗评判性的"西方道德心"。

我想起那个为杭州设计星状盲文图案广场的法国建筑师。他自己承认在那个项目中，他无条件投降了。从那之后，正如他自己所言，他"也接受了在中国的这种必然的建筑命运"。他用汉语"没有办法"来强化观点。"没有办法"翻译成英语是"there is no alternative（别无选择）"或者"it is simply so（就是这样）"。这是中国的一句习惯用语，也是我应该首先学习的汉语之一。

我很排斥"没有办法"这个说法。我认为，接受命运还不如去探索新的评判平衡点，后者蕴藏着更多可能。在探索过程中，在北京公司的西方人发挥着重要作用。

沃普克·斯查弗斯塔，阿姆斯特丹的 NEXT 及代尔夫特建筑学院的合作伙伴，负责研究北京的住房发展情况。他是一个棘手人物，这可能与他是弗利然人有关，他的中国同事认为他变幻莫测。他偶尔会批评我们在中国的工作和思维方式，他代表了荷兰与中国价值判断的动态界线。

鲍勃·德·格拉夫也参与研究了一段时间。当面临中国的工作压力和固有的最后期限时，他总是保持平和心态。"鲍勃，那部分做完了没？""还没有，快了。""不用做完，我们还要做下一个项目。"格拉夫让自己在中国专心致志工作，他看起来很愿意从中获得大能量。

玛勒·巴玛来 HY 一年了，身居销售部要职。他对于提高设计质量的提议得到中国人的赞赏，但主要是他的商业能力给人以启发——对我也一样——还有我们的实践。

还有拉斯·斯林格和提斯·克林科哈姆。他俩很有工作激情。他们讲述的中国和北京的故事让我觉得我开始不吝啬地表达赞美。这个进步很可怕，因为它可能会让我看不透事物。

最后是老米，中国同事都这么叫他。"mi"是"Michel"的语音简称。他们之所以加上"老"字，是因为老米 45 岁了，"老"是中国人对年长者的尊称。老米头有白发，身材魁梧，在中国人里很显眼。老米在荷兰做一个设计课程，现在来中国出差六个月。我很钦佩他：没有多少像他那个年纪的人能够改变自己，踏上新的征程。

随着几个西方建筑师的到来，老米的"新的不言而喻的见解和批判性的态度"在很多项目上都有很大的帮助，正是在这些见解和态度下，我谨慎地正视自我。像来到中国的每一个西方建筑师一样，他也经历了反抗和无助的阶段，他价值观的顺应力也受到了极大考验。但是每当我想接受新的价值观时，他总跟我唱反调。让他头疼的事有很多：中国人无法理解设计，项目的限定期限不切实际，人们只关心数量和速度而忽略质量和内涵等。最让他烦恼的是"在客户面前奉承卑微的态度"。

"你不应该接受那种要求！"当我告诉他一个在没有明确条件的情况下，在规定日期前无法完成的任务时，他听后冷笑着说。他大步走出我的办公室，嘴里还在念叨着"你不应该接受那种要求！"但我确实服从了，我也是故意而为之。这是为了探索我的荷兰参照的局限性，也是为了扩展我的价值体系。

我一度碰上了严格的界限要求。电话响起。接通后，打电话的人先做自我介绍，然后问我们是哪一种建筑公司。然后又问我们是不是一个真正的荷兰公司。一个小时后，我坐在办公室里欣赏两张黄海人造沙岛的图片，黄海位于中日之间。新高速公路建成后，从北京去沙岛不到五个小时。鉴于工程地点在海岛上，我决定把整个项目做成"典型的荷兰"主题。届时，大量的房屋、酒店、会议室、商务中心和购物中心、游艇码头和荷兰博物馆都会在此建成。

我问我们能为这个项目做些什么，他们诧异地看着我，然后说他们想找一个建筑师，最好是荷兰籍的。第二天有一个重要会议。如果我有兴趣，非常欢迎我以荷兰专家的身份前去建言献策。

第二天，我和一些开发商、投资者一道参加了会议。许多高档的豪华进口轿车整齐地列队于门外。穿着各种西装的中国建筑师们进入会议室。几分钟的工夫，屏幕上就出现了一个岛屿的规划蓝图。让人意想不到的是，有一部分已经建好了：房屋是弗伦丹风格的，码头则是荷兰的施维宁根风格。为了欣赏堤坝之上的海景，房屋都建在桩子上。

那么问题来了：我能设计五星级的酒店吗？他们说有一次他们去荷兰的时候，发现一个建筑与自己的项目规划特别匹配。然后他们传给我一张堤坝上的宫殿的图片，它是 17 世纪荷兰古典主义的典型代表作。我有点惊讶，然后说我们的专长是"现代项目"。接下来，会议室里鸦雀无声。客户总经理看着我，重申这个风格与项目非常搭配。与会人员都很明白：客户提出了明确要求，但是我不打算接受。

我又温和地说我们的专长是做现代项目。接着我向大家解释我的立场，又告诉大家荷兰不仅仅有历史。我又说了几句话后，总经理对我的到来表示感谢。虽然没有用过多的语言明确表达出来，但是我们都明白我们之间有很大的分歧。友好的告别之后，我回到了公司。

那天下午，蒋先生问我为什么对这个项目不感兴趣。他说他真不明白西方建筑师。比如，一个西方建筑师曾对蒋先生说他"不会涉足带有坡屋顶的建筑"。"为什么不能？"蒋先生问他。但是他没有回答。"我们不也在坡屋顶的房子里住了几个世纪了吗？"他问我，希望得到我的回应。

我不想就坡屋顶问题和他做过多讨论，于是我说我们不喜欢这种设计的原因是我们要严格按照客户的要求办事。因此，我们没有自由发挥创造的空间。

　　我的解释他几乎不能理解，从他困惑的表情和富有哲理的结论就能看出："西方的建筑师需要有很大的设计空间。"

中国的条件

老米曾经说过，我们在中国的设计已经迈上了快车道。从NEXT被中国采纳的项目数量来看，我不得不认同他的观点。但更重要的一点是，我们在项目中的建筑想法也步入了高速发展阶段。然而，这些并没有真正地振奋人心：在这一加速过程中，我们依然无法增加对项目的控制力。

控制项目和过程最大的障碍就是"新资讯"。北京的建筑业每天都有"新资讯"。我的荷兰参考标准还是有局限性，但是——和我在"荷兰项目"中受到的限制相反——这个新的局限也带来了新的机会。

我们为"M13"连续忙活了十天，"M13"是一个总建筑面积达五万平米的三个办公楼的投标项目。这个项目的选址挨着一个大公园。我们打算充分利用公园和选址之间的关系。办公楼的平面图已经根据建筑的体积详细绘制好了，以便更多的建筑正面面向公园。绿色的屋顶可以当作花园和阳台。立面图是一个抽象的树形。一切看起来都很协调，项目看起来很完美。

在最后期限的前一天，陈先生打来电话告诉我们新的信息：客户想把设计中的三个大楼改成六个。他来到我的办公室，看到我正在废寝忘食地设计这个项目，就随口问了一句设计得怎么样了。我觉得他是来帮助我评定和改进设计的。他告诉我客户的新信息之后，我无奈地看向天花板，然后我又盯着电脑屏幕，最后我看向窗外。

我关上笔记本电脑，说："就这样了，我不做了！"

陈先生显然是被吓着了。

我从电脑上拔下电源线，找我的包。

陈先生尴尬地盯着我。

"这样我们怎么工作？这样根本就做不出好的设计！"

玻璃隔间外的同事都纷纷看向我。办公室顿时安静下来。

我撑开包，放进电脑，然后拿起我的外套。我拿着它，但最终又把它挂了起来。我坐到位子上，并请陈先生也坐下。然后我又盯着草图的体块模型看。

陈先生说："我也是刚听说，我知道，这实在是太糟糕了。"

我没有理他，只顾盯着体块模型。此时神经弯曲的程度已接近断裂的边缘。

"我们还有时间来改变设计。"

如果我回应，他会说服我，那时我会选择中国模式，而不是荷兰模式。于是，我仍旧不吱声。

"现在是三个大楼，想变成六个也不难。"

我继续盯着体块模型。"好项目……"阿姆斯特丹对第一部分草图评价道。

我还是开口了。"为什么？"我大声问，"为什么？！"

"我不知道，"他说道，"客户也是刚刚打电话给我……"

我明知道不能从他那里找到答案，但还是看着他。

"现在已经有三个大楼了，想变成六个也不难。"他再一次说。我才不会相信，冷笑着说："那你打算怎么做？"

"现在有三个大楼，"他边看体快模型边说，"我们把它们一分为二，就变成六栋大楼了。"

我越来越喜欢这种中国逻辑：如果解决问题的方法不能用简单的话语描述出来，它就不是个好方法。我将一把斯坦利刀放在他面前，然后看着他。他拿起刀子，把第一个大楼模型切成两半。不一会儿，就切出了六个大楼。

我盯着六个大楼的体块模型。项目仅存的一点好处是把大楼变成六个之后，建筑的视野更开阔了。

我再一次流露出笑容，因为笑在中国很重要。然后我看着陈先生说："我们会做两个方案，一个是三个大楼的，另一个是六个大楼的。我会先向客户

酒店建筑与景观协调共生

六个大楼（在要求修改后三个大楼变为六个）

介绍三个大楼的方案，然后再介绍另外一个。"

陈先生笑着答应了。压抑的气氛缓解下来，整个办公室也不再沉寂。每个人都收到了通知，中国的同事什么都没问，就开始修改图纸、透视图和体块模型。

我站在了自我价值观的边缘，已经屈服。

这个项目没戏了，两个不同方案以供选择的策略还是没有任何指望。被打乱的设计已经失去了原来的特色；没看过原图的中国同事后来评价说现在它已是一个完全"奇怪的"设计。我为什么接受了？我为什么屈服了？

屈服是一种选择，但是屈服太多就做不出好的设计。在中国，设计调整是无法避免的。我想做出强有力的设计，当突然需要调整时，它依然能够保持原方案的建筑质量和特色。这就是挑战所在：不在于战胜中国的条件，而在于找到一种接受策略，既能把中国的条件当作出发点，又能在设计中融进这些条件，获得附加值。

四　协同

Synergy

"同床异梦"

我们主要凭借直觉和 HY 建立了合作关系。看了我们带到中国来的作品文件后，HY 也很可能有类似的动机。然后我们开始一起"摸着石头过河"。现在我们离河岸越来越远：第一个建筑项目已经完工了，一些其他项目也正准备动工。

情况就是这样，NEXT 正逐步赋予我们最初留在中国的计划以实质内容：在中国寻找机会的可能性，把西方的概念思维运用到实践中。然而，自从我们来到中国后，这个议程又多了很多真实的想法。比如，追求"在中国创造"而不是"在中国制造"建筑，还有探索设计强有力的建筑，无论做怎样的强制性调整都能保持自身品质。值得一提的是我个人对自己参考范围之外的空间探索。

为了追逐这些理想，NEXT 需要加强与 HY 的联系。现在看来，双方之间的联系变得越来越密切。

起初，只有一个"我们"，那就是 NEXT。但是随着时间的增长，又出现了一个新的"我们"：NEXT 北京分部。现在第三个"我们"日渐形成：北京的 NEXT 和 HY 的共同体。我的世界开始在这些"我们"之间摇摆不定。

一次我和 HY 的中国同事前去拜访一家设在北京的澳大利亚建筑事务所的经历，是第三个"我们"的典型体现。和我们一起去的还有一家想做某个美国公司项目的荷兰－香港联合公司。这个公司委托的负责人也出席了。

HY 对这个项目感兴趣是因为自身的"本土设计机构"角色，中国建筑法规定建设图纸需要由中国建筑公司负责。HY 问我是否我愿意代表他们，他们认为我与西方人交流会更容易一些。我遵从中国的规矩，毫不犹豫地答应了。在我代表 HY 参与讨论的过程中，我已经无意识地用到了"我们"这个在中国当某人介绍一个公司时常用的称呼。

在青岛时，我临时冒充加拿大建筑师的事情，似乎属于很遥远的过去了。值得一提的是，现在我的双重身份不再是一个问题。我代表 NEXT，现在我也代表 HY：这很真实，没有任何问题，没有任何冲突。

NEXT 和 HY 之间可以进行毫无误解的交流。共同实现抱负看起来是有可能的；真正的协同也不遥远。但是，在中国，一切表面上确定的和表面上不确定的事物都在发生着变化。

HY 的全体员工高兴地聚在一起庆祝中国的农历新年。HY 租了一个酒店的大型接待室来举行春节联欢；联欢会准备了一桌丰盛的菜肴，一系列轻松愉快的表演，还有各式各样的颁奖环节。在联欢开始前，老板都会发表郑重的讲话。

杨先生穿着精致的西装进入房间，自信地走到演讲台前。在场的几百号人顿时安静下来。聚光灯打在他身上，摄像机也开始工作。幻灯片开始放映，杨先生用汉语说了句"欢迎"。我在昏暗的台下环顾四周，思考他和他的妻子成功实现的这种前所未有的成就。在十一年的时间里，他们建起了一个拥有几百名员工的帝国。他们是中国新时代的精英——他们抱负远大，成为"先富起来"的人。

致完热情的欢迎辞之后，杨先生开始发表严肃的讲话。幻灯片从第一张切换到第二张：屏幕上出现了标有年份及对应的建筑图纸面积的大表格。他用低沉、洪亮而且自信的声音说："在过去的一年里，我们为 130 万平米的建筑面积绘制了图纸，比去年增加了 12%。"

我据此计算，目前为止已有 12.5 万个家庭住在 HY 设计的建筑里。与此同时，我搞不明白为什么人们这么看重建筑面积而不是建筑质量。

杨先生坚定地向听众传达着信息，广为人知的信条在会堂里回荡："每个人都应该问问自己：客户想要什么？"

最近我和他讨论过这个话题。我认为从目前来说，中国的建筑公司应该把客户的愿望放在首位，但是从长远来看，客户对有远见的建筑公司的需求量会大大增加，竞争也会日益激烈。根据世界贸易组织规定，外国的建筑公司在没有中国合作伙伴的情况下，也可以进入中国市场。最年轻的一代开发商大都周游世界，其中许多出国留过学。世界正在扩张，有远见的公司要通过改革创新为客户创造更多额外价值。杨先生很赞成，但是随后他说在他看来只有两种建筑师：艺术家和商人，他属于商人。正是因为这个原因，公司现在"可能没必要"有大的发展蓝图。愿景作为形式是好的，但作为内容还不是最重要的。说这些话的时候，他自己也有一个愿景：一个商业愿景，与我的商业附加值的观点完全相反。这个讨论证明 NEXT 和 HY 从一开始在做事、思考和实践方面就代表了两种"愿景"的极端。

十分钟之后，杨先生宣读未来一年的目标，讲话因此达到了高潮，香槟酒开启，表演正式开始。表演包括小品、唱歌、跳舞和模仿秀。联欢会提供食物，丰盛的食物。

联欢会最重要的一部分就是颁奖，包括最佳部门经理奖、最佳员工奖、最佳助理奖、最佳英语奖等。奖品有冰箱、玩具、鲜花、摄像机和手机。年度最佳项目的奖品是一笔钱。

奖项的角逐很民主：每个人都要投票。我对此很感兴趣，因为整个大厅里的这幅有趣的画面会很好地解释中国的"最佳"。

年长的经理理所当然地获得了鲜花和奖品。

然后在欢快的鼓声下，为年度最佳项目颁奖。一个住宅楼项目当选为年度最佳项目，项目的工作团队获得了奖金，大厅里欢呼雀跃。在知道这是去年最大的一个项目之前，我都无法想象这个项目会成为最具代表性的项目，更不用说最佳项目了。我旁边的中国同事说，公司里的大多数人参与了这个项目。"他们当然会给自己的项目投票，"他接着说，"这样他们就能分得奖金了。"

员工都认为项目越大越好。数量上的优势力量再次获得了胜利。我再次意识到 NEXT 和 HY 互为各自的相反方面。

我的脑海里浮现出这样一组对比：

NEXT 是小公司，HY 是大公司。

NEXT 是非商业性的，HY 是高度商业性的。

NEXT 注重质量，HY 看重数量。

NEXT 寻求创新，HY 遵循客户的要求。

尽管环境条件不同，NEXT 和 HY 却能顺利合作，我很想知道原因。我只能想到的是中国人是无法掌控的事物的主宰者；我只能想到的是中国人精于把不可联合的东西联合在一起。

正如中国谚语所说的"同床异梦"一样。

最小公倍数

意识到 NEXT 和 HY 是两个不同的极端后，我相信不同方面的要求会很有成效。实际上，与之相伴的压力和紧张也会加快项目的进展，但有时紧张也会阻碍项目的发展。

"我们十分欣赏你科学的工作方法，我们想向你学习！"我会定期听到这种"赞美"和这种学习的"愿望"。我很难评估这些话语的价值。我甚至不知所措，因为这归因于我的出众，但我认为我的出众地位是不真实的，我一点也不想要。起初，我总是否定这些赞美。但是，赞美之声不绝于耳，我实在不知道说什么了。于是，每次我都会笑着接受赞美，保持沉默。回想起来，这是一个致命的评价。

向我们学习的任务不是个新任务；它实际上在我们的第一次集体讨论会时就出现了。但是学习任务给中国建筑师带来了很大压力："你还在谈论感情和感觉；约翰在讨论他设计的优势，他的设计方法更科学。"他们被怂恿着从形式上寻找突破口："看他的图纸，设计得确实好！"

最后一句话的直接结果是 HY 采纳了我们的工作方式——典型的荷兰图解和表格方式。从外部来看，这使 NEXT 和 HY 看起来更模棱两可，但从内部来看，"学习任务"容易造成个人关系紧张。我们的设计"越成功"，中国建筑师的批评声音就越大，我们的合作关系就越紧张。NEXT 做的成功项目越多，就越会不可挽回地导致我们和中国同事之间没有成果的合作关系。

一个公司的前高级建筑师嘲笑说："几千年前，中国的建筑师环游世界，教授外国的建筑师怎样做建筑！"另一个中国同事说："客户接受你们外国人的设计要比接受中国建筑师的同样的设计快一百倍！"

这些评论源自内心深处的自豪感。我能想象出那种自豪感：中国有五千多年的文化，是世界上现存的文明古国之一。为什么中国的建筑师还要向西方建筑师"学习"，尤其是在文化领域，比如建筑学？

这种紧张始终存在于潜意识里——和谐最重要——但有时也会有小冲突。

客户带来了一个新项目。他们很明确地指出要一家外国建筑公司在两周之内做出了两个不同的设计方案。这是个好项目，但是我们手头上的设计都做不完，以至于我们没有时间做出两个深思熟虑的设计。这个疑虑很快地被一个中国建筑师发现。他建议 NEXT 提供一个设计方案，他做另外一个，之后由我介绍这两个方案。

他的表情泄露了一个隐情：如果纯粹以设计本身为基础，客户会选择西方建筑师的方案还是中国建筑师的方案？我还没有事先认真地评估可能的后果就草率地答应了。

然而，正在进行的项目比原计划需要更多的时间，在我看来，新项目明显失利了。相反，那个中国建筑师的设计方案提前两天完成。因为时间分配得当，效率较高，他没有加班工作。介绍会开始前两天，喷绘好的效果图（彩色 A0）大板已经立在他的桌子旁，不时有人来赞美他的设计。

我们熬夜加班，终于在介绍会的当天早上完成了设计方案。在设计完成之前，我感觉被多次阻碍。中国的员工表面上在忙我们的方案，实际却在暗中做另外一个方案。没有人告诉我们关于建筑用地界线和日照测算的数据结果，我们在设计中使用的数据都错了。之前相处的同事现在变得很薄情。项目也变成了一场泰坦尼克式的搏斗，我觉得对我的中国同事来说，它已经变成了一场中国与除中国之外的其他国家之间的竞争。

介绍会的那天，报告厅里坐着大约二十个人。一切准备就绪后，"主席"抵达。一个小时后，我们离开了报告厅，客户果断选择了我们的设计方案；工程将于 2010 年初完工。在返回公司的车上，我保持了沉默，听到了我的中国同事之间的谈话。他们对我们的能力刮目相看，纷纷赞赏我们在这么短的时间里就作出了让客户满意的设计。有人说我已经中国化了，每个人听了都笑了。

我依然置身事外，看向窗外快速闪过的北京。以后肯定还有这种竞争，这只是一个时间问题。我们的合作除了建大楼外，没有共同的内在目标，这种合作是多么地没有成效。

回到公司后，对于项目的准备阶段我只字未提，我只感到我们的合作关系如此不堪一击。几天后，我发现是"学习任务"阻碍了共同合作成为我们的内在目标。回想起来，我觉得不只是学习任务没有成效，我自身的态度也没有产生积极作用。在我面对赞美沉默不语并笑着接受的时候，我接受了自己一直排斥的东西：优越感。问贾女士对设计的观点时，我意识到了这一点。她紧张地回答我，接着建议我去问高级建筑师。她的理由显而易见："他们会赞赏你的设计，他们会展示自己的知识，他们觉得你很尊重他们的意见。"

虽然我已经打开了中国的"窗户"，但我没有想过窗户实际能开到多大。为了能够和我的中国同事多多交流，我还要把窗户开得再大一些。刚到中国的前几个月，我很想听取中国同事的意见，但是没有成功。现在大家都在赞美我们的贡献。有了这样的经历，我们才能朝着真正共同的目标迈出第一步。

几周的工夫，我陆续有了接下来的领悟。

理论上 NEXT 的设计建立在大量的分析和研究基础上。原则上来说，分析主要直接针对项目的内容，而研究则主要解决更宽泛范围的内容，比如类型创新。我们根据这种策略，从多个测量角度和多个方法来构思设计，从而使项目具有整体性。

中国的建筑师通常把参考图片和类比作为设计的出发点。参考图片往往来自世界范围内的建筑参考图，和对于特殊形象的文化联想的类比。从项目的条件之外找设计灵感意味着项目不会发展成为一个简单的整体，而是以一种不同的方式：可以方便替换其中的一部分或者"改动"。

当我把这些方法同中国评估项目的方法相比较时觉得非常有趣。在中国的评估中，最重要的不是众所周知的西方标准存在与否，而是其引发的联系。

评估项目主要从视觉概念、效果图和市场潜力方面入手。第二次评估更加实际一些，主要考虑项目的实用性和可行性。在西方，项目评估是三维立体的，它会抛开效果图和潜在市场的表面诱惑，遵循实用、科学和可持续性的标准。西方的项目评估更加客观，中国的评估则非常主观。事实上，在中国，如果给人以消极的联想，那么效果图和整个方案都会被否定。

但是在这种情况下，真的需要把使用"更多科学的工作方法"强加在项目中吗？如果上述发现的答案是肯定的，哪一个"工作方法"更好一些？不一定是我们的。如果我们按照中国的审美价值观来评定我们的工作方法，我们要从中国同事那里学习什么来补充我们西方式的"工作方法"？

自从陈先生提示说我们的效果图"可能有点问题"之后，我们取得了很大进展。我们这些绘图的最初目标是尽可能清晰地传达信息。出于这个原因，我们把图画得很抽象。与此同时，我们的效果图力求展现我们的期望。为了充分地传达建筑感觉，就必须有实际的行为和细节、真实的背景，比如引人注目的蓝天白云。

我们开始检验的第二个更加实质性的方面就是整体设计的对立面：分化设计。

作为中国极速城市化发展的结果，许多项目通常很少有其用地周边环境的信息。工地上之前的建筑刚刚全部被拆除掉，因此用地本身也提供不了多少实质的信息。所以，每一个项目充满了未知——客户同样不知情——一系列无法沟通的陷阱阻碍了系统性、整体性方法的形成。分化设计可以确保优先权，保证将来能够自由添加和改动。

但是试验这种方法困难重重。西方建筑师从蕴藏着连续的逻辑动机的直线和理性的设计过程中发现整体性。这种思维模式不会改变或忽略"部分"。它挑战了项目的组成，造成了在欧洲的工作和思维模式中不会出现的任意性。它与中国建筑师的有限作用相结合，可能会造成"两维建筑"（阿姆斯特丹叫法，非常真实）。

陈先生紧跟我们的设计步伐。他偶尔会指出我的理性思维的局限性："你的大脑和你的心有冲突。我们中国人用心思考的多，西方人用脑思考的多。

这有很大不同。心很细致敏感，大脑则是逻辑精准。"他继续说："用心思考源于我们的文化传统，体现在我们的语言、艺术、诗歌和文学上。它很好地解释了你之前说的中国的东西大都是描述性的而不是准确的。"他的话会在设计方式上给中国建筑师带来一些启发，也会给项目评估带来一些启示。

伴随着我们在中国的发展，HY 的建筑师也在不断尝试各种设计分析方法。让我意想不到的是，一天高先生来办公室给我看他正在做的一个设计。他征求我的意见，不是关于效果图而是他所采用的设计步骤。

在合作项目中，这种共同"学习过程"可以给我们更多时间发现我们的理念架构之外的空间。如果我们敢于放弃自己的教条，那么每次都会发现无尽的空间。设计创作上的挑战反映了中国现在的情况，同时它们在中国的价值观中找到了自身的意义。理想的荷兰建筑不一定也理想地适用于中国，因此理想的荷兰设计过程为什么要同等适用于中国？我们带到中国的精神包裹和日益增加的见解是我们在中国推广我们的"设计方法"的基础。这是一个最基本的工作问题，也是对客观和主观之间平衡点的探索。

HY 继续把重点放在我们"工作方法"的"形式"上，这让我们逐渐感觉到还有更大的潜力。这就需要从本质上转变工作方式。那么，和中国同事的交流合作就会发挥更重要的作用。

吃金子的老鼠

高先生拿给我一张效果图。这是一个外国建筑师设计的中国某个地方的大楼。建筑的表面重复使用了大量中国文字。他注视着我，听着我的评价。我对外观的干预形式很感兴趣。听后，他提醒我说："中国人不喜欢这个；外国人喜欢这个。"

在此期间，我们做了很多主观试验，并尝试在设计中融入中国理念。通常中国的同事会毫不含糊地说："没必要！"几次重复尝试之后，我们得到的回答更明确："别这么做！"因此，我们的设计中没有"阴和阳"、"八卦"以及像龙一类的神话形象。正如陈先生所描述的那样，这种文字解释与"中国人内心深处的想法"有严重冲突。正因为如此，它对于我们来说变成了一个复杂的要求。这种复杂的探索首先会拓宽我们的理解。

陪同荷兰住房部、空间规划部和环境部的代表团参观之后，我在会议室里向他们介绍了我们的一些项目。说到水石销售中心的设计时，我说中国人对与财政有关的所有问题要比荷兰人敏感得多。销售中心就是几百套高档酒店式公寓交易合同签订的地方。我强调说购买住宅就是在投资中国的"三座大山"之一，"三座大山"指的是教育、医疗和住房。我引用陈先生的话，说这在根本上是一种个人体验。除了向购买者提供其想要的私人财产，建筑还需要吸引街道上的人去发现关于这个项目更多的东西。公共和私人、诱惑和保护之间的模糊关系都体现在设计中。

突然，有人问："你向客户这样说过吗？"我笑着说客户从建筑的外观

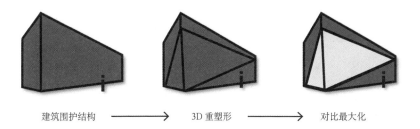

建筑围护结构 ⟶ 3D 重塑形 ⟶ 对比最大化

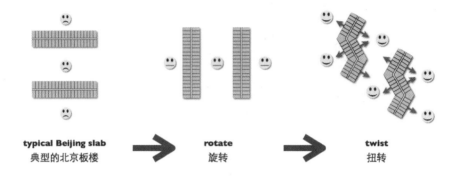

typical Beijing slab
典型的北京板楼

rotate
旋转

twist
扭转

位于典型南北朝向建筑间的东西朝向建筑

发现了"吃金子的老鼠"。

我的话引来了质疑的目光。

秦小姐，介绍会上我的翻译助理，开始发表她的看法。她明显被触动了，肯定了我的疑虑。客户的评论就是巨大的赞美。老鼠是一种虚构的动物，代表一种特殊的智慧。"吃黄金"指的是攫取财富。购买这座大楼的公寓是一种相当明智的投资。

人们依然很迷茫地看着我。

我又向他们解释了一遍：建筑师和客户的议程不一定是一致的。潜在的不同意义层次可以促进一个项目的发展。最好的情况就是它会中断联系，但这似乎在建筑师的能力范围之外不断发生作用，特别是对我们这些西方建筑师而言更是如此。

我总结道：建筑师不能在建筑中添加内涵，在中国也一样。然后我发现中国与荷兰相比，客户似乎依然在这个领域中享受着独有的地位。

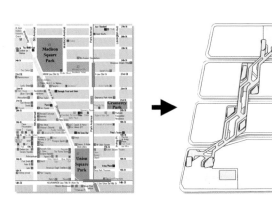

纽约百老汇   下沙"百老汇"概念   设计草图

项目简介 Project Information

杭州下沙国际理想城

业主：杭州下沙区城市规划局   地点：杭州市下沙区

2010 年设计   1200000m²   完成设计

国际竞标第一名

如何为快速扩增的中国城市增添崭新的有意义的城市空间？

本案位于杭州南部的下沙新城，这个方案的关键就是将商业空间集中于两个现存的城市广场之间的大型对角连线上。这里的空间就像抽象的纽约百老汇，一条类似于曼哈顿的棋盘式特殊街道。这条对角线由几个空间广场组合而成，如音乐广场、青春广场、文化广场和体育广场。人们可以自由地闲逛几个小时而不用穿越车行道路。

这是一个文化、商业、贸易相结合的设想。它是为不同年龄、不同兴趣的人群提供免费生活空间的一个设计。

音乐广场

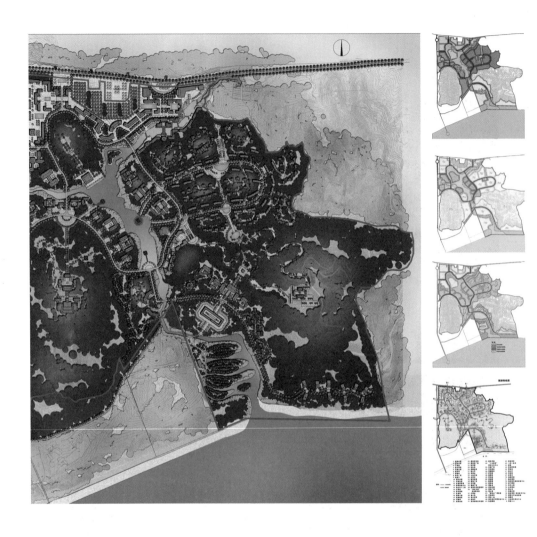

项目简介 Project Information

海南三亚南无斯代酒店

业主：北京春光集团　　　地点：三亚市

2012 年设计　　　108125m²　　　设计中

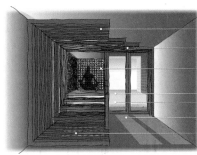

木纹理
木质天花板
冥想空间
海景
开敞阳台
木纹理
冥想台阶

如何使信徒们相信综合城市空间规划的宗教含义？

基地临近三亚的观音巨像，这个综合规划项目使宗教信徒可以从城市空间到建筑的形体各个方面感受宗教。基于学、讲、持、传四大古老原则，游者能够全方位地体会到佛教生活。

主题酒店位于山脉的侧面，酒店的每一个客房都有一个禅修空间。建筑师对建筑入口做了巧妙的设计，隐喻着一个庄严肃穆的宗教佛像。

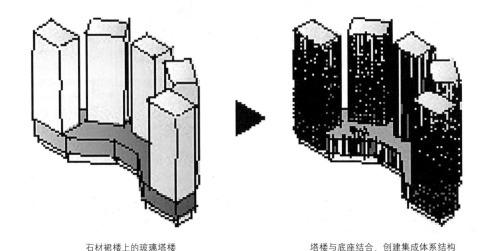

石材裙楼上的玻璃塔楼　　　　　　　　　塔楼与底座结合，创建集成体系结构

项目简介 Project Information

北京辉煌国际商务广场

业主：北京辉煌世纪房地产开发有限公司　　　　地点：北京市海淀区

2005 年设计　　　　178000m²　　　2006 年　　　已建成

如何建立材料、视觉效果与市场价值之间的联系？

　　本案位于北京上地区域中轴线的尽头，它包含一个典型的大型裙房，其上建有五座塔楼。针对于建造一个有着玻璃塔楼的石材裙房，我们更加倾向于将石材一直延伸向上融入到空中。楼层越高，公寓的视觉效果和采光效果就越好，其市场价值也越大。

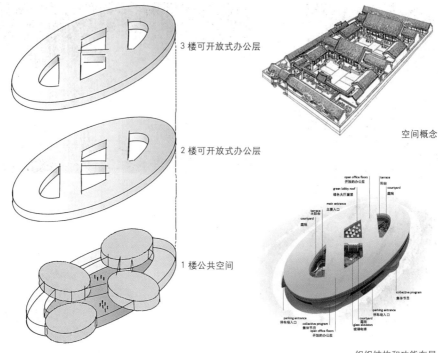

3 楼可开放式办公层

空间概念

2 楼可开放式办公层

1 楼公共空间

组织结构和功能布局

项目简介 Project Information

北京 IBM 中国研发中心

业主：IBM 中国有限公司　　　地点：北京市海淀区

2006 年设计　　　30200m²　　　已建成

国际竞标第一名

如何将四合院的空间特征运用到 IBM 的总部大楼中？

　　基于 220×100 平米大小、13 米高的椭圆形轮廓，项目将 IBM 总部大楼设计成为一个既地方化又全球化的建筑。将北京传统院落空间作为一个概念性起点成就了建筑的地方性特征。将建筑的所有公共空间集于一栋建筑内的四个小型椭圆空间的做法，成就了建筑的全球化特征。这些椭圆形空间之间是一个自由流动的空间，形成了建筑之间的绿色空间氛围。二楼和三楼组成大型椭圆体，它们被支撑在体型更小的四个小型椭圆体之上。

"云"形态——新增功能区

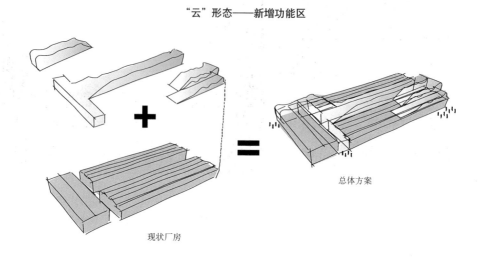

总体方案

现状厂房

项目简介 Project Information

北京朝阳区城市规划馆

业主：北京朝阳区政府　　　地点：北京市朝阳区

2009 年设计　　　18000m²　　　已建成

国际竞标一等奖

如何进行新旧建筑之间、历史建筑和未来建筑之间的统一？

朝阳城市规划展览馆建立在朝阳公园的三个现存工厂遗址上，临近沙滩排球奥运场馆。我们的建议是保留原有老工厂。由于城市规划包含有新旧建筑以及历史建筑和未来建筑，这个设计充分体现了建筑设计的统一。为区别于老工厂建筑，在建筑中增添了一个崭新的云状玻璃空间。这个形状抽象地迎合了奥运会的"祥云"概念。这个规划馆就是一次新与旧、历史和未来的旅行，也隐含了如何向国际社会展现中国自身文化。

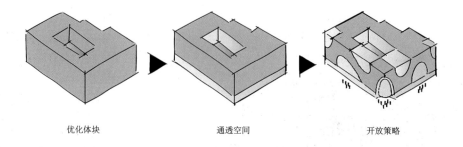

优化体块   通透空间   开放策略

项目简介 Project Information

北京西单美晟国际广场

业主：金融街控股有限公司   地点：北京市西城区

2006 年设计   110000m²   已建成

国际竞标第一名

如何为封闭的立方体式商业建筑提供多样化选择？

  建筑位于西单，是北京著名的传统商业街上最近增加的建筑中的一座。不仅仅是作为一个拥有大型户外广告展示面的建筑，同时也致力于通过打造自身独特的建筑形象来成为一个标志性建筑。

  如挂着帷幕的外立面设计，大椭圆形态的玻璃幕墙联系建筑的内外空间，为办公采光和LED 展示提供空间。其柔软的外形与建筑周边生硬的商业环境形成对比。

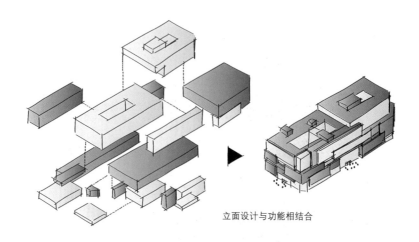

立面设计与功能相结合

设计草图

灯光研究

材料研究

项目简介 Project Information

山东济南天地广场

业主：鲁能集团　　　地点：济南市

2011 年设计　　　110000m²　　　在建

如何用立面结构来表现功能的丰富性？

这个多功能的建筑位于济南泉城广场旁，是包含了从路易斯·威登山东旗舰店到皇冠假日酒店的复杂功能的一个建筑。这个设计通过外立面设计来阐释内部复杂功能空间的关联，达到了展现功能丰富的目的。

立面以新颖的石材幕墙和玻璃幕墙为肌理，使建筑自身像一个巨型雕塑，象征着济南丰富的自然史。

集高端零售、购物中心、餐饮和酒店功能于一体

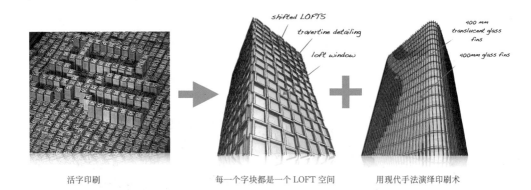

活字印刷　　　　　　　每一个字块都是一个 LOFT 空间　　　　用现代手法演绎印刷术

项目简介 Project Information

北京 CDD 创意园

业主：北京盛玺置业有限公司　　　地点：北京市大兴区

2011 年设计　　　150000m²　　　在建

如何将创意回溯到中国五千年的历史中？

CDD 创意园是北京西红门附近的一个在建工程。将它设想为一个充满活力的空间，充满了年轻一代的专业创意人士。对于这个设计，我们曾经通过各种方式追溯到了中国的印刷术发明。

印刷字块以创意空间的形式表现，创建了一个有趣的模式，整个项目创建了一个全景和一个故事。甚至于在这里的每一个创意工作者、每一个创意单元都是一个故事。没有文字就没有故事；没有故事，文字也就没有了意义。

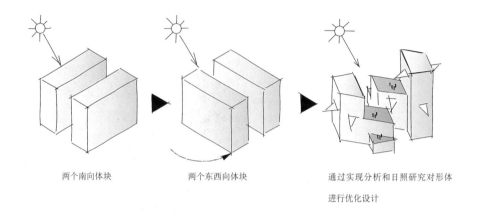

两个南向体块　　　　　　两个东西向体块　　　　　　通过实现分析和日照研究对形体
进行优化设计

项目简介 Project Information

北京金隅可乐＋

业主：北京金隅集团　　　地点：北京市通州区
2007 年设计　　　　43000m²　　　已建成

如何将建筑朝向与风水相联系？

设计将项目简单认知为一个对称的酒店式公寓建筑。但是不同于一般公寓建筑，完全南北向的设计，在这种设计中仅有一半居民能够获得太阳光。我们将建筑旋转，经过对建筑形体的扭曲，并重塑建筑高度。最终成果优化了太阳光线入射面，使尽可能多的居民能够享受阳光。

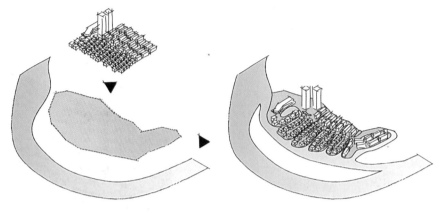

区域和环境研究　　　　　　　　　　　与环境相结合

 项目简介 Project Information

福建宏汇·蝶泉湾

业主：福建宏汇置业有限公司　　　　地点：福州市

2010 年设计　　　　　120000m²　　　　在建

如何利用并优化项目的环境资源？

　　项目位于福州的一个度假区，河流环绕，周边景色怡人。设计宗旨很简单，使建筑尽可能地融入到现存的美景之中。整个规划可以理解为一个概念清晰的城市设计，建筑与环境之间相互穿插、相得益彰。

精品酒店　　　　　　　　　　　　　　　高级塔楼

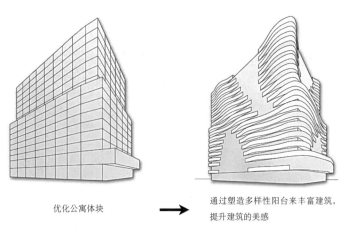

优化公寓体块

通过塑造多样性阳台来丰富建筑，
提升建筑的美感

项目简介 Project Information

福建福州冠城大通·首玺

业主：福建华事达房地产有限公司　　　地点：福州市

2010 年设计　　　48000m²　　　在建

获 2012 年度中国人居范例建筑方案设计金奖

如何在一个局促的繁华城区中创建建筑的多样性？

项目位于福州市中心，一个地理位置复杂、商业繁华的基地。我们的目的是创建宁静祥和的多样性居住空间，为业主提供多样化的选择。通过阳台设计创建建筑单元的多样性。几乎所有的户型都有一个大阳台，都有一个属于自己的花园，而且几乎所有的户型阳台都不同。

建筑抽象化地象征了当地的著名寿山印石。

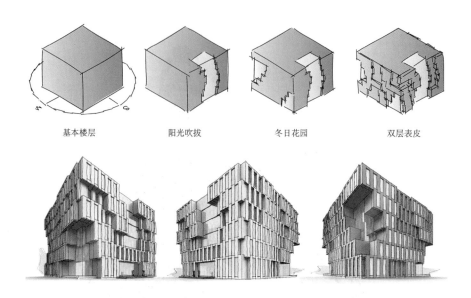

基本楼层　　　　　阳光吹拔　　　　　冬日花园　　　　　双层表皮

项目简介 Project Information

内蒙古鄂尔多斯 20 + 10 项目之 P21-T18 地块

业主：鄂尔多斯市规划局　　　地点：鄂尔多斯市东胜区
2010 年设计　　　　20000m²　　　在建

如何进行"非技术化的"绿色可持续设计？

　　项目位于鄂尔多斯较为恶劣的自然环境中，有 20 名著名的中国建筑师和 10 名国际建筑师参与其中。这个设计着眼于可持续发展的原则，以求达到冬暖夏凉的效果。有别于其他生态建筑使用高科技生态技术达到这种效果，我们使用的是建筑设计的手法，如室内吹拔、温室花园和部分双层空间。设计的成果非常适合鄂尔多斯自然环境，建筑设计强调建筑的雕塑感。

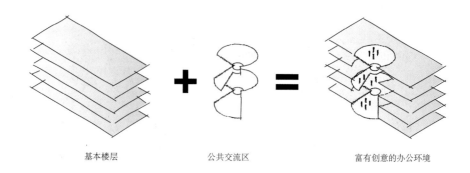

基本楼层　　　　　　　　公共交流区　　　　　　　富有创意的办公环境

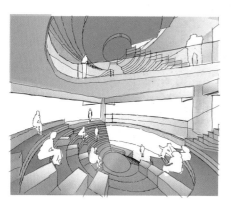

1-1

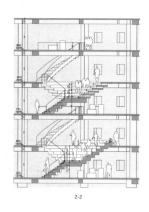

2-2

项目简介 Project Information

环洋集团中国总部

业主：北京环洋集团　　　　地点：北京市海淀区

2000 年设计　　　　10000m²　　　　已建成

2011 年度荷兰设计奖

如何为创新设置条件？

本案是北京的一个设计公司的室内设计。公共楼梯部分形成的开放空间可以是空的，可以容纳小型会议或者展览，也可以作为庆祝活动的中心。这个设计服务于一个目标：通过尽可能多样化的空间延展，来提升人与人交流的潜力并激发创造力。

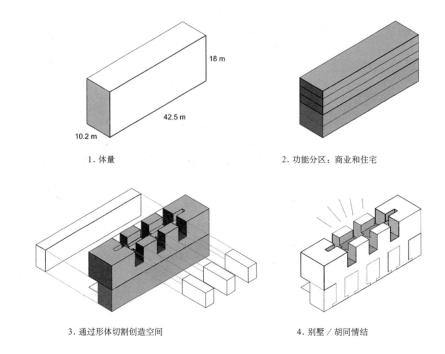

1.体量

2.功能分区：商业和住宅

3.通过形体切割创造空间

4.别墅／胡同情结

项目简介 Project Information

万科"蚁族"

业主：万科企业股份有限公司　　　地点：北京市

2011 年设计　　　　6000m²　　　完成设计

如何放大建筑的内部及外部空间？

　　年轻一辈的城市居住工作者在中国大城市购买一处公寓日渐困难。通过与万科合作，五个中国建筑师和五个荷兰建筑师为北京北部设计了一个城市节点，为这个主题提供一个设计结论。这个提案的目的是使大家认识到最小的空间并不就意味着最局促的空间和最差的质量。结合北京的文化特点，我们的设计将胡同的概念引入 15m² 公寓的室外空间设计中，创造出与传统暗合的外部交流空间。

屋顶胡同：15 平米微型别墅实验

总图

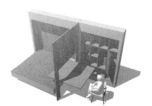

多功能墙壁

合理的风水

"在中国，一切皆有可能，但一切都不容易。"很难评价陈先生的话：它集中性、积极和消极意义于一身。

我们正在一起看这一个模型。我看着电脑屏幕，用 Google 地图把它缩小。这个项目附近的公寓楼都是南北走向。我继续缩小范围。实际上，北京所有的建筑都是南北向的。

陈先生和我一起看着屏幕，然后说"风水"。

草图分析了建 5.5 万平米的公寓楼的可行性。客户要求楼里的每一个单元面积必须是 50 平米，还要互相紧密连接。但是考虑到要把建筑建成南北向，按照这个要求，得有一半公寓楼建在北面，这样的话风水就不好了。

我想起第一次研究风水的经历。那次是和一个"风水师"一起参观工地，谈话几乎无法进行。之后，我和公司里的同事讲起此事。王小姐笑着说这是中国的迷信，但她又同时说应该遵循风水原则。陈先生也强调风水不容置疑的重要性，他说："我们必须考虑风水问题！"

他像是一个激进的风水倡议者，但这里的风水已不是传统的形式，比如，在建筑的入口要建一个喷泉。我问他风水问题的必要性，他笑了，然后回答说："那是旧中国留下来的传统。"他在会上的固守仪式的行为体现出他对风水的迷信，开会的时候，他总是坐在"风水好"的位置。意识到自己也染上了他的习惯，我笑了。虽然没有充分理解中国的传统习俗，但是我发现不背对着门或者玻璃窗坐会"更舒服"。

我们继续看草图。

在工程的用地范围之内，现在需要考虑哪一个曲折造型的建筑可以使视野和光照最优化，但是它们都是东西向的。我和很多其他中国同事讨论过这个草图，他们都不认同。对南北向建筑的挑战是对不成文的风水法则的挑战。一个同事告诉我风水背后蕴藏的古老哲学，内容如下：所有好的事物，都像金色的阳光一样，来自南方。所有坏的事物，就像西伯利亚和蒙古吹来的寒风一样，来自北方。

我看着陈先生，希望了解更多。

约翰：你能给我推荐几本关于风水的好书吗？

陈：有很多，但是没有英语版的，都是汉语的。东南大学的一个教授写了一本关于风水和建筑关系的名著。该书讲述了很多道理，比如："为什么大桥下面的饭店生意总是不好？"因为看不到标志，没有人会光顾。因此，如果你在桥下开饭店，这就意味着"大天天殇"（音译），这就像屋子里的光线，也像一把刀子：它会阻碍你的事业发展。我认为这种思维方式是有道理的，因为它说明了一些东西对环境的影响。

约翰：对环境的影响？

陈：就拿 T 形路口来说吧：在 T 形的尽头，肯定会有一个像清华大学的主楼一样的大型建筑。它绝对不是一个小型建筑。小型建筑容易被"压碎"，它总会失败。

约翰：压碎，总会失败？

陈：是的，夜晚每一个司机都会把车灯打向你。这会很不舒服，对饭店和住房来说都是这样。V 形的街道也不好，它们的外形像剪刀。V 形街道上的住宅楼很难盈利，因为没有人愿意住在拥挤繁忙的街道上。我认为那是有道理的。

约翰：你说的都是城市规划，那么建筑呢？

陈："风水"在建筑上也是有一定道理的，就像西环广场（建在地铁站基座上的三栋办公楼）一样。风水师说工程的选址不好，我赞同他的说法。

那儿的交通很不合理：乘地铁的人不在大厦里工作，在大厦里的人都是开车上班，他们不乘坐地铁。

约翰：是太拥挤了吗？

陈：西直门是老北京城的一个城门。在老北京，它是流水进入北京的门户。它设计得很狭窄，也不需要有广阔的视野，只要能够通过水道就行。直至今天，那儿的交通仍然很重要，但是没有足够的空间建宽阔的道路。风水不好，是有道理的：那个建筑现在已经空置了好几年。没有人想租赁！

约翰：为什么背山面水就是好风水？

陈：因为光照！山的背面没有光照！每个人都知道，帝王也不例外。在中国，寒风主要从北方吹来，这就是山的南面比较好的原因。它是有原因的。

约翰：背对着门坐为什么不好？

陈：如果有人进入房间，你会受到惊吓，那样不好。不仅仅是鬼，人也会吓着你。我觉得风水是几千年前人们认为对环境有利的习俗法则。我仍然认为许多东西是有道理的。

约翰：你相信随身携带"罗盘"（风水指南针）的风水师所做的建筑安排吗？

陈（大笑）：那是"迷信"，不是风水。

约翰：那是什么？

陈："迷信"不是合乎道理的风水。

约翰：不合理的风水？

陈：算是吧。风水师必须这样做，因为他要成为一名专家。他要显示别人没有掌握的知识。在中国旧社会，风水师挥舞着剑，四处洒符水来杀死鬼魂。他们在不吉利的地方贴上黄纸条，这样鬼就不敢再来了。最后，风水师会找出一个没有鬼的方向推荐你使用。

约翰：你也持怀疑态度？但是很多人相信，不是吗？

陈（微笑）：风水师是专业骗子，骗了很多钱。这种骗术很简单。如果你买一台一百美元的高科技机器，你会想："这么便宜，可能是假的。"但是如果你花了一百万美元，你就会想："这个肯定很好！"他们一直这么做，就这么简单。

约翰（微笑）：那我应该相信什么？

陈（微笑）：相信"有道理的风水"，它是一种中国文化。"迷信"也是一种中国文化，但是不要相信它，它不合理。

我们再次查看两座大楼的草图，找出哪一个东西向的之字形布局可以得到最佳的视野和光照。陈先生说优势不只是"合理"，而是优势明显不足。

接下来的几天里，为了应对这个集居住、办公为一体的建筑综合体的未知的想法和要求，我们需要增加设计的灵活性。基于这个想法，我把之字形的平面图分成六个建筑部分，各个部分可以随意变动高度，即使在项目建设后期也可以独立变动。我认为表面只能水平连接，以便更容易地把各个单元联系起来，同时不对内部结构产生影响。

在介绍会后，"共享空间"的观点没能得到肯定。客户非常喜欢我们的灵活设计。在项目的准备施工阶段，设计需要具备灵活性：在知道"新信息"之前，各个建筑部分的高度被改了很多次，与日照测算结果的矛盾也需要"解决"，表面积也需要"优化"。

六个月后，当我在 Google 地图上查看这个项目时，我惊讶地在网上看到了它的新图片。两个东西向大楼的轮廓清晰可见。我骄傲地把图片给陈先生看，几个同事也围在我的电脑前。

"在中国，一切皆有可能，但一切都不容易。"我笑着说。

几张熟悉的脸上也露出了笑容。

绿色建筑

能够让 NEXT 和 HY 在项目中最大可能地建立共同目标的事件很少。只有当我们踏入彼此陌生的领域时，我们才会得益于彼此的交流合作。

当一个中国客户说 ABB 想要建一个"展示中心"时，我们得到了一个这样的机会。为了突出 ABB 的"绿色经营理念"，它的"展示中心"必须是一个绿色建筑。第一次有人要求我们设计绿色建筑。在此之前，我们项目的唯一主题就是持续性。虽然主题是紧急确定的，但"绿色"不是个简单的主题，有的同事称其为"奢侈品"。直到那时，绿色在我们的合作项目中也只是一个附加因素。比如，我们会选择低辐射玻璃之类的可持续性材料来减少排放，使用太阳能镶板来利用可持续性能源。但是我们从没想过做一个完整的"绿色建筑"。

在第一个简述中，客户将会把这个建筑租给 ABB，他笑着说这个建筑中的绿色有双层含义："一个绿色建筑，但是我们也要考虑'绿色代价'：金钱！"

当我听到他说这个想法的时候，我想象中国大多数办公楼的样子：在 8.4 米的网格上是 800×800 平方毫米的混凝土柱矩阵，一个网格是 8.4 米，根据土柱面积只有包含电梯、楼梯的核心筒和设备管井等需要确定。我多久才会注意到这些高层建筑停车场式的平面图一次？

大多数北京建筑也都遵循 8.4 米的网格标准。这个数据非常理想：纵列延伸到停车场，恰好留出三辆车的地方。最好使用混凝土结构，混凝土很便宜，比钢铁便宜很多。这样就很经济：客户不允许偏离 8.4 米的标准，因为平面

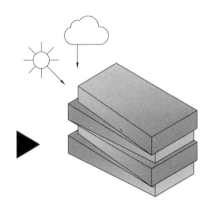

典型的办公楼体块

在 8.4 米网格的基础上移动楼层,
创造绿色条件。

图会变得不合逻辑而且"无法使用"。

这些要求带来的后果是，设计自由只局限在混凝土框架上 30 厘米厚的新颖外表的设计规划上。在这种情况下，怎样重新获得建筑自由？

我们和很多建筑师一起坐在桌前讨论这个问题。其中一个改变办公楼标准层的方法是利用建筑的用地退让。这在结构上实施起来比较容易，但楼层的租赁费会减少，这样就很难保证收入。

悬臂也是一种改变标准层的方法，但是它们不能超过 4.2 米。超过这个长度的部分必须靠钢结构来完成，这就会使费用大幅度提高。

在建筑平面图中，角落是最吸引人的地方。角落通常有一根混凝土柱子，这不是因为角落里不能没有混凝土柱子，而是因为这是一个根深蒂固的习惯做法，该做法是由 8.4 米的网格上释放出来的混凝土柱阵列趋势造成的。4.2 米的悬臂和没有石柱的角落不会增加成本，在建筑中是可行的，我认为其优点显而易见：8.4 米网格 + 不超过 4.2 米的悬臂 = 建筑自由。

在一定程度上，ABB 项目阐明了当代中国建筑经济下的建筑自由的界线。在设计中，我们引进的楼层上的绿色阳台或绿色屋顶促使我们突破标准建筑的限制，建造中国最"经济的建筑"。阳台是一系列绿色设计中最突出的一部分，它们可以降低散发的热量，行人可以看见 ABB 的绿色理念，楼上的员工更能真切感受到植被的成长。

ABB 的展示中心有可能会成为我们在中国合作的最好的项目之一。这是我们可以全部运用重要的绿色建筑理念的第一个项目。通过与其他理念相结合，我们在办公楼的标准之外获得了建筑自由。

项目进展很快。我们得到了客户、ABB 和政府的认可。最终设计和工作图纸在第一次介绍的当月内完成。但是在建设正要按期开始时，这个项目成为了世界金融危机的牺牲品。ABB 需要重新考虑在中国的发展计划，随着"新战略蓝图"的制订，建设展示中心的必要性也消失了。设计的优势变成了缺点，开发商简单地说："我不会给另一个客户用你们的设计。它太详细了。"

未知领域

NEXT 和鲁迪·乌顿哈克（Rudy Uytenhaak）教授代表的代尔夫特建筑学院获邀参加第一届莫斯科双年展。我们和代尔夫特建筑学院的学生们联合进行一项 NEXT 的研究，莫斯特方面要求我们根据研究结果做一个报告，主要讲述学术研究是怎样应用在我们在欧洲和中国的实践中的。

为了参加展会，阿姆斯特丹的 NEXT 挑选了两个项目，一个是荷兰的，另一个是中国的。荷兰的那个是一栋包含五个家庭的别墅设计。这个项目既满足住户的要求，又最大程度地利用工程选地的条件。中国的是一所师范大学的学生宿舍楼设计，在这个项目中，我们探讨和利用个人与集体之间的紧张关系。每一个项目都有一个在北京做好的展示模型。

两个模型成形后，贾女士看起来十分困惑。她知道学生宿舍楼的设计，但是另一个设计是什么？荷兰的项目也让模型制作师一头雾水。公司已经制作了很多模型，但是他们还没有碰到过这种设计模型。上周，喷上橘色漆的模型引发了这样一个清楚的问题：它不是一个建筑，它是一个钻油平台！

"你为什么要那样设计建筑？"贾女士问："它为什么是橘色的？荷兰人喜欢橘色，是吗？"

她的问题里暗含的一个有趣的问题是："这两个项目之间有什么关系？"

在荷兰，我们几年前就提出了项目之间的关系的问题。我们的结论是，从理想的角度来说，NEXT 的项目不是这样设计的。我们一致认为一种固定不变的风格或者署名没有恒久价值。实际上，相似太多会导致价值的缺失。

我们认为项目之间的联系只能存在于设计的过程中，而不是设计的结果中。

尤其是在我们共同合作的项目中中国项目不断增加的情况下，现在这个问题再次上升为主题。我随身带着一篇短文上了飞机，我们曾经把这篇文章送给布宜诺斯艾利斯的一个朋友在阿根廷的建筑杂志上发表过。

亲爱的马克思：

我们的探索没有得到一些可代替的范例，但是为进行某种实践提供了可能，建筑领域的界线不断地受到质疑并不断地扩展。这也为创造一个既非教条也非乌托邦的没有固定模式的惯例提供了可能。

我们的工作重心不是正式的地位问题。我们相信我们可以把比例、顺序、和谐之类的古典建筑参数当作工具，但是绝不能把它们当作教条。我们坚持开放的见解，摒弃肤浅的见解。它让我们不断变换位置，紧紧地围绕主题并从不同的角度研究主题。当代文化、社会和城市发展带来的巨大潜力促使我们不断前进，据此，我们认为建筑环境应该反映每天日新月异变化着的社会。这并不是说我们无时无刻都要革新建筑学，而是要对存在的事物做一些调整，进行一些创新。对我们的日常环境做出微妙改变是我们的一个工作事项。

理解城市的层次系统激励我们寻找在固定的和暂时的、永恒的和变化的之间的等级制度的平衡。这种永恒可以从结构介绍中找到——一个具有并决定特殊用途的坚固结构，但同时也具有进行最大程度改变的能力。

处于特定的和开放的（非特定的）之间的这种矛盾，说得更好听一点是平衡，是我们工作的一个重要特点。你可以说我们的设计最后还是要屈从于用户。我们的建筑不仅提供了新视角，也在一定程度上使用户真正拥有独树一帜的建筑成为可能。

致以我们最诚挚的问候，

巴特·劳索、马林·施汉克、米歇尔·施莱马赫斯、约翰·范德沃特

当我重读这篇文章的时候，其想法的弹性着实让我很惊讶。与此同时，我意识到我们的中国之行就好比在一个无尽的未知领域里落脚。待上几年后，那个未知领域既变大也变小，看起来非常矛盾。说它变大是因为我们能够有更多发现，说它变小是因为我们正在成为中国现实社会的一部分。

我爱中国

我回荷兰的时间越来越没有规律，我在荷兰停留的时间短暂而集中。但是一个雷打不动的事项就是和朋友们聚会吃饭。它们为我衡量我在荷兰和中国之间的发展情况提供了标准。我日渐强烈地感觉到我在中国的未知领域与朋友们在荷兰的不一致。然而，正是这些故事和讨论使我们达成了更多共识。

在一次晚宴上，我带来了一摞明信片大小的图纸和项目草图。当讨论其他主题的时候，那摞图纸在每个人的手中传递。当传到对桌的时候，一个朋友失望地说："我以为我会看到一些旅行照片！"不只是她一人有这个想法；看来很多朋友都怀有这个期望。

"给我们讲一下中国，而不是工作或项目。"她说。

因为主题非常重要，这个直截了当的问题实际上非常复杂。

"我从哪儿说起呢？"我问。

"奥运会。"有人嚷道。

我们在中国的发展和奥运会有多方面的联系。首先，周先生发来邮件邀请我们和他们合作，参与体育馆设计的竞争。当我们最终在北京成立工作室的时候，我们像许多建筑公司一样在奥运会开始前疯狂地进行建筑设计。但是我的思路被打断了，有人要求不要谈论工作或项目。

我开始讲述在准备奥运会期间，北京的氛围实际上是如何变化的。很多因素造成了这个变化，其中包括西方媒体总把重点放在人权、言论自由、新疆和台湾问题上：中国认为这些都是内政。

有人询问中国如何看待西方的这种关注方式。

中国人没有很好地理解，把它当作一种批判主义。中国不惜物力、人力，立志招待世界人民，却遭到了蔑视。中国政府发起的全国媒体攻击孕育了这种共同感。在这一过程中，中国的现实和西方媒体描述的形象之间的矛盾被放大，使中国人的民族自豪感备受打击。

这反映在哪里呢？

对待外国人的态度从友好变成了不信任。得知我不是法国人后，出租车司机才让我上车，因为"法国支持达赖喇嘛"。所有建立的关系似乎都要重新评估，比如和我们工作室所在大楼的大厅保安的关系。虽然我们一早一晚都会互相友好地打招呼，说上几句话，但是眨眼间，我就得出示护照才能进入大厅。

那么，我又是怎么看待中国的人权的呢？

重要的一点是要看到观点的发展进步。我希望这个发展继续下去，我希望提高公众参与度，尤其是在政治事务中。

中国人怎么看待人权？

许多中国朋友和同事一致认为你必须看到观念上的发展进步，我也开始意识到其中的价值。希望提高公众参与度目前看来只是我这个荷兰人的一厢情愿。

我的希望建立在什么基础上？

为了从更大的环境中找到希望，我引用了之前和老庆的一次短对话来回答这个问题。

约翰：老庆，外国人能够理解中国的文化吗？

老庆：可能吧。

约翰：中国人理解西方文化吗？

老庆：可能吧。

约翰：前景一点都不乐观！

老庆：他们至少尝试着更好地互相理解。

我被荷兰人的怀疑笑声打断。

"枯燥的回答。"一个人评论道。

我笑了笑，心里想着如何强化我的直觉。但是又有两个新问题打断了我的思路："中国人怎么看待西方？他们比较看重什么？"

我想起几周前和即将而立之年的同事小洪在建筑工地上的谈话。后来我把这次谈话记录下来，但是我无法在饭店把这么长的谈话全部复述下来。然后我想起了中国的"中体西用"。这四个字可以译为"以中国的为核心，把西方的作为形式"，但是我对这个题目不是很理解，因此没有在那里提出来。

大家在等待着我的回答。"给我们讲个笑话。"有人不耐烦地说。

没有考虑太长时间，我回答说："走路要一步一个脚印。"

大家皱眉不语。

"你觉得中国人能够完全理解你的意思吗？"又有人问。

我重复那句中国谚语："走路要一步一个脚印。"大家的眉头皱得更紧了。

饭菜上桌之后，话题变了。随后，我不得不承认我错过了一个更好的洞察中国的机会。

一周之后，我回到中国，翻看我和洪先生的谈话笔记。

洪（生气）：为什么大多数西方国家敌视中国？

约翰（惊讶）：你为什么这样认为？

洪：中国是个友好的国家。我们从没有侵略过任何一个国家！

约翰：我相信有外国人喜欢中国，只是外国人对中国的看法各不相同而已。

洪（生气）：是，对西藏、台湾问题、法轮功的看法……

约翰：还有对其他问题的看法。你为什么认为西方国家敌视中国？

洪（想了想）：因为他们很害怕。

约翰：害怕？

洪：是的，两个方面上的害怕：经济上和政治上。他们害怕自己的实力减弱，因为中国正在再次成为一个经济大国；第二，因为他们惧怕我们的社会主义制度。

约翰：你说的这两个原因都有，西方人确实有点害怕。

洪（沉思）

约翰：但是你不认为西方的评论也有一些积极作用吗？

洪：我觉得它们可以提一些建议，但是不要批评。我有时觉得外国人很难了解中国。

约翰（笑）：那么请帮助我更好地了解中国。

洪：众所周知，中国是一个人口众多的发展中国家。我们力求发展和稳定。因此，我们不会把一些外国人的问题孤立看待，我们会认为它们会动摇中国的稳定根基。而且，我们的人口数量太庞大了：13亿人口！我们别无选择，只能慢慢地一步步解决问题，只能逐步进行现代化建设。

约翰：很多外国人认为中国的现代化建设只局限在经济、科技上，而缺乏政治上的现代化建设。

洪：他们什么意思？

约翰：一些外国人认为中国政府，更确切地说是中国共产党，不愿意解决"政治问题"，只想让"一些事情沿着现在的道路发展"。

洪：约翰，你必须正确看待这个问题。看看自从中国开放后，多少人过上了更好的生活。难道这不是在解决问题吗？中国开放以来，几百万人摆脱了贫困，中国现在都能够发射太空火箭了！

约翰：这些外国人不关心经济或科技发展，他们只关心社会发展，比如人权之类的问题。

洪（思考）：中国依然存在人权问题。但是看看像美国这样的国家，他们毫无理由地肆意侵入他国。再看看这些谈论人权的国家当年是怎么侵略中国和中国的人权的。我爷爷说当年公园的标识牌上写着："中国人与狗不得入内！"

（愤慨）

约翰（不安）：洪，我听说过此事，但是一些中国人说这种情况已经一去不复返了，现在它对人们具有教育意义。洪，我们不说这个事了，我们说一下根本的人权吧。

洪：我知道你谈话的意图了：你想再次谈论民主问题。我告诉过你，中国政府对中国人民说我们不需要选举。他们说：看看美国的大选，那得花费多少钱。还是把这部分钱用在人民身上最好。

约翰：难道你不想选出自己的领导人吗？

洪（担忧）：也想也不想。我们在村里实行基层民主选举，大家可以选出自己的领导人。但是，我在丹麦留学很多年，我从两所大学毕业：我为什么没有选举权？我是受过教育的人！但是，我觉得全民选举的危险要远远大于欲望：如果每个人都要投票，那8亿不识字的农民怎么办？到时，国家会陷入动乱。

约翰：为什么中国人这么害怕动乱？

洪：你觉得呢？

约翰：历史和教育告诉我们，动乱会引起分裂，这也是团结高于一切的原因。你之前说过，动乱触动了中国的稳定根基。

洪：你说得对，但你为什么要提到教育？

约翰：那不正是每一个中国儿童在学校里学的：团结要高于一切吗？至少我的汉语老师是这么说的。

洪：是历史教育了我们。

约翰（思考）……

洪：民主道路在中国走不通，这可能是对的：政府不能包办一切，大部分中国人对政治不感兴趣，他们都在忙着养家糊口。……在革命时期，为了获得农民的帮助，中国共产党承诺让他们过上更好的生活。现在又怎么样呢？中国贫富分化严重，贫富差距会越来越大。（很焦急）人们担心赤贫的农民会冲进城市拿走六十年前中国共产党承诺的东西。稳定和安全都是为未来着想。中国人心里想的就是这些事情，而不是民主。

约翰（惊讶）：你害怕吗？

洪：在中国的历史上，几乎每隔五十年就会有一次革命，一次大变革。现在距上一次革命将近 60 年了。我觉得我不害怕，但是我很担心。

约翰：除了一场可能的革命，你最担心什么？

洪（大笑）：像我这个年龄的人一样：我要攒钱结婚、买车买房。这是一大笔钱，远不止"一百万"，一百万人民币（多于 10 万欧元）。

约翰（笑）：贾女士说在中国娶上海女孩花钱最多；男方至少要准备"两百万"（多于 20 万欧元）。

洪（大笑）：是的，我很庆幸我就要在北京结婚了。

半个小时后，我们依然在建筑工地上聊天。

洪：我觉得西方民主，就像我在丹麦见到的那样，现在还不适合中国。我们的人口太多了！

约翰：为什么不适合？就因为庞大的人口？

洪：还有一个原因：中国人民曾经长期处于封建等级社会。中国人不习惯西方那样的民主方式。甚至废除封建制度，毛泽东成为我们的领袖的时候，一切还是中国共产党说了算；从生到死，都是这样。我们已经取得了很大进步，我们现在享有更多自由。

约翰：陈先生说十年前他在一个拥有几百名建筑师的国企工作的时候，他和他的女朋友打算结婚。但是根据当时的规定，他必须获得单位领导的批准。可是单位领导连他都不认识，更不用说他的女朋友了。当说起中国的人权发展时，陈先生总会举这个例子。

洪：你能想象在荷兰发生类似的事情吗？

约翰（大笑）：十年前请求老板批准你结婚？太不可思议了，应该进行改革。

洪（笑）：陈先生怎么看待中国的人权问题？

约翰：禁止一切，但是一切皆有可能。

洪：很多丹麦人向我询问中国的人权问题。我和陈先生看法一致：我们的人权在不断改善，但贫富差距却越来越大。

约翰：有钱和有权有关系吗？

洪（笑）：有钱就有权，有权就有权力。金钱能够换来权力。

约翰（笑）：这就是中国人爱钱的原因？

洪（笑）：那肯定，每个人都想过美好的生活。

一个小时后，我俩走在回公司的路上。

约翰：你觉得你的丹麦朋友理解中国正在经历的变革吗？

洪：这很难解释，也很难理解。不确定的事情太多了，也存在很多问题和不确定性，事情变化太快了。

约翰：你认为中国能在内部解决这些问题吗？

洪：你是说外国能帮忙吗？他们怎么帮？用言论？我们知道我们无法看到外国人在媒体上看到的一切，但是从我们看到的来说，外国人帮不上什么忙。可能这正是政府想让我们看到的，但是从中外之间的误解来看，我们认为他们不会真正帮忙。

约翰：你怎么看待在中国看到的西方媒体舆论？

洪：它让我们更加热爱中国！你知道 MSN 和 QQ 上的爱国的中国人吗？

约翰：我和一个正就读于荷兰代尔夫特大学的中国朋友聊天时，在我的 MSN 好友列表上发现了。

洪：你这个朋友怎么看待外国关于中国的言论？

约翰：多少和你的类似，她也觉得大部分外国人敌视中国。

洪：约翰，你爱中国吗？

约翰（诧异）：洪，这个问题很难回答。

洪：这个问题很简单。

约翰：我很难回答。

洪：为什么很难回答，你为什么这么多疑？

约翰（思考）：我爱很多个中国……

洪：很多个中国？

我合上笔记本，开始回想。我从中国得到很多能量，从日常经历中得到了很多能量，从今天的这种时刻得到了很多能量。而且这种能量不是来自逐渐对中国难懂的文化基础的赞美，而是来自当前基础的影响，来自我所见到的人、我们一起为同一个项目工作的人以及我慢慢越来越了解的人。

我对胡夫人和杨先生的自我创造能力大加赞赏。我非常欣赏陈先生应对变化的速度和灵活。我非常佩服蒋先生，他生活在一个有几千万人口的大省，成为该省进入一所中国最高学府的八十个人中的一员，然后只简单地解释说"因为家庭对我的支持"。我也很赞赏高先生的中国式的高效率。我对周先生也大加赞赏，虽然他发展的空间很小，他依然寻找提升空间。我也感激众多好友，比如老庆、维多利亚、王小姐和洪先生。我也很钦佩给我们绘制图纸的小刘和黄先生的无人能比的耐力。还有那些工程师、制图员、模型工程师以及很多其他间接参与的同事们。我还要向那些我说不上名字却不仅仅是值得记住名字的人致敬。

我也非常赞赏我们的集体顺应力和典型的创新力，因此我们总能从事物中找到可能性。我还赞赏我们的渴望、耐心和思维的力量。

我爱中国，我真的爱它，我爱中国同事和朋友生活的中国，爱文化环境不同的中国，爱规模不同的中国，爱速度不同的中国，爱时间和空间概念不同的中国。

五　愿景

Vision

从内部

　　在北京的一家建筑公司工作的一个德国建筑师朋友形容他们的工作是"中国化"的。中国的设计和德国的几乎没有相同之处；他遗憾地总结说他们的设计已经变成"纯粹中国化"。他们作为西方建筑师在中国做真正的工程设计，这总是引起我的无限猜想。他又强调自己的观点："难道你没有接受一些在荷兰没有接受的影响？"我不得不同意，但又同时强调通过那些影响可以提出一些新的想法，一些既不是荷兰也不是纯粹中国的东西。我们寻求两种影响范围内的交流，一种既荷兰又中国的交流。

　　我的回应让我想起了炼金术士，想起了哪一种元素占据主导地位的问题。这是在西班牙建筑公司在北京召开的介绍会上我做的一个比较。随后，一个深夜，我在北京东部一个胡同的酒吧里大声宣布在我们的情境中，我自己才是炼金术士。现在是我自己孤身探索，而不是 NEXT 的集体行动。

　　盛夏时节，空调吹不散闷热。像往常一样，我飞速扫了一圈酒吧，开始思考这个隐喻。在混合过程开始前，炼金术士受到约束，无法洞悉所有的成分。他可能需要认真研究混合学。直到那时，我作为一个炼金术士的作用就是研究荷兰"因素"，重新考虑中国的因素。只有当我真正明白"混合学"的时候，我才能对包含两种因素的新事物进行试验。

　　我斜倚在桌旁，喝了一大口青岛啤酒后，我问桌旁的德国同事有没有觉得自己正在转变。他惊讶地瞪大眼睛看着我，问我是不是在问他是否适应了建筑师的生活。

"适应不仅仅是单方面调整你的前进方向，还要有彻底的思想转变。"

"彻底改变？"他简洁地问。

"在分辨'好'与'坏'上的转变。"

"你问我是否'也'有，那么你呢？"他问。

我开始以建筑师态度思考我的思想转变。在荷兰，从概念到细节，迫切需要你掌控整个建筑过程。我们建筑师通常通过主动约谈发现"规划中的不足之处"。这是发现我们设计的不足之处的极好方式。我们的目的是保证建筑质量。例如，在荷兰，我们发给设计公司内部的客户邮件标题是"设计问题"。我们收到的客户回复邮件标题是"财务问题"。项目在这种紧张不安中完工。

在中国，建筑师和客户之间出现这种紧张局势通常意味着一个设计的失败。举例说，我清楚地记得当我不断向马先生建议更改"柳明"项目的界线时，他竟然愤怒了。在中国，建筑师最好采取被动态度，而不是荷兰建筑师的主动方式。

同荷兰客户交流与同中国客户的交流方式不同，在这个转变的过程中，我的思维和行为方式都在发生着明显的变化。和欧洲的情况相比，在中国要通过谈话交流没有提到的事情，从而获得大部分信息。

我的德国朋友笑了笑，点头表示同意。一个拥有中国经历的西方建筑师不需要太多解释。他在啤酒杯垫上写道：主动 vs 被动。

然后他突然对我说因为中国的建筑师的角色与德国的大不相同，他在中国的第一个项目就遇上了很多困难。他用严厉的目光看着我。在德国，在项目的设计和实施过程中，他都是严格要求。在中国，建筑师的影响力很小，因此他很不习惯建筑师的卑躬屈膝。在欧洲，他是项目的指导员，对项目运筹帷幄——难道这不重要吗？

我表示赞同。在荷兰，我们也在项目中扮演着指导员的角色。为了整合全部不同的要求，检验我们的想法，我们会定期召开研讨会，让所有的客户参与进来。我们通过集体参与和协商做出设计，但是我们始终掌控过程，实现最终结果。这种方式还应该创新，不应该只指向一些现存的事物。

在中国的 ABB "绿色建筑"介绍会上，一个奥地利经理讲述了关于欧洲的一个新的 ABB 大楼的糟糕经历。在大楼交付之后，ABB 不喜欢建筑师提议的颜色。但是建筑师拒绝改变颜色，此事只得求助于当地法官做出评判。最后在故事讲完的时候，那个经理问"在中国做设计的建筑师"的统治力有多大。我们的客户在一连串的惊讶中听完了故事，然后沉着地说："可以做出改变，但在中国顾客就是上帝！"

当别人掌控设计决策的时候，我不再认为这样会造成整体性缺失，我的彻底改变正是建立在这个基础上。于是，我意识到作为一名建筑师，根据设计决策，我有对"客观事实"的发言权，我最终彻底妥协了。在中国，我从"寻找价值"方面，从解释、思考和接受主观性上获益良多，远比在荷兰大得多。我看都没看桌旁的德国朋友，拿起笔在啤酒杯垫上写下：指导 vs 服务。

但是德国人并没有理解其中的意思。此时，荷兰思维和德国思维看起来完全对立。

"主观会引起一些新型的干预，"桌子边传来坚决的回应，"建筑应该尽量避开主观性。"

我笑着说："那是你的看法。"

"你不这样认为？"他愤愤地说。我其实很疑惑。我怎么否定他的问题呢？它反映了我在荷兰的学生时代学到的一切以及我作为建筑师所呈现的一切。新型的干预具有短暂的价值，我们要找到永久价值的含义。但是在中国这样日新月异的世界中你怎么去寻找"永久价值"？

我们没有得出结论，接着绕过这个问题继续谈论完成建筑的不同过程。在荷兰，我们的项目建立在大量研究和想象的基础上——对于设计规划的看法、规划之上的更广阔的看法以及对学科和社会的看法。设计过程呈线形展开：首先是根据对方会谈分析，提出规划想法。这个想法会确定设计理念，确保设计评估会找出背离点。NEXT 提出了大量想法，包括"荷兰分层"和"未来人工景观"，最后这些想法都在项目实践中变成了现实。相反，在中国，项目的最后图像比分析和想法更具有指导性。项目都是同步进行，改动设计是一个常规而不是例外。我想用我们做过的一个项目来验证这个说法，它是一个 18 万多平米的"综合性"建筑。在我们插手项目之前——它已经处于施工阶段——很多个建筑公司都参与这个项目建设。直到现在，建筑的功能和结构依然在变化。

桌旁的朋友在我说第一句话的时候就不住地点头。这个故事并没有让我们惊讶，因为它在中国非常普遍。他总结说中国的项目设计过程和荷兰的相反。我继续说中国的设计过程是同步的，而荷兰的是一步接一步的。我的转变引发了我对"建筑分化"的赞赏，也让我意识到一种新的建筑规划：开发一种在万变之中仍能保留建筑质量的设计策略。

桌旁的朋友聚精会神地听着，分享我的观点。同时，他在啤酒杯垫上写下一个组新的对立：依次 vs 同步。

在谈话陷入沉寂的间歇，我突然发觉天已破晓。我打算到此为止，但是太迟了。新一轮谈话即将开始。当我俩互相敬酒的时候，德国朋友用德语问我早安。

我们看啤酒杯垫上的总结记录：主动 vs 被动，指导 vs 服务，依次 vs 同步。第一组对仗指的是建筑师的态度，第二组指的是建筑师的地位，第三组指的是完成建筑的过程。桌子的另一端飘来这样一句话："我们忽略了建筑议程。"

我点头同意，沉思了很长时间。在荷兰，即便是从客户的角度来看，建筑式样是建筑物的附加文化价值，也是一种文化投资。建筑花费金钱，也有资格花费金钱。研究、质量和持久性都具有极高的价值。为了实现这些价值，必须有足够的时间、空间和预算来检验目的、想法和材料。例如，在 NEXT 成立初期，我们投入几年的时间与客户协力完成一种新型别墅。

我的谈话伙伴微笑着，似乎在脑海里预测着将要发生的事情。

在中国，建筑更多的是为经济目标服务。实际上每一个建筑决策都要服务于那个目标。因此，可用的时间、空间和预算都非常有限，检验想法和材料的机会亦是如此。举例说，我们计划在一个项目中使用一种新型的护面混凝土。最后中国的开发商让我从三类石头中选择，"时间有限"是惯用的理由。

"时间有限，"我的德国朋友笑着重复道，"当我听到这句话的时候，我通常会用理解的目光看着客户，轻微点一下头。"

"我也是。"我边笑着回应，边向他示范动作。

然后他睿智地说："中国当前的建筑目标看起来就是谋取短期和长期经济利益。"

他说得很对。我知道荷兰的建筑也是为了经济利益服务，但是我在荷兰并没有感受到这个目标，我在中国却一直能感受到这个目标。

他在啤酒杯垫上写下第四组对立：投资 vs 获利。他在写的时候，我说："第四个对仗就像是对前三组的解释。"

在早晨评估我们的发现总结时，我俩赞许地看着对方。我俩在酒吧外道别的时候，灿烂的太阳已经升起。

我在回家的路上想起一句著名的中国成语："入乡随俗。"它的意思是："每一个进入村子的人都要遵从当地的习俗。"我最大限度地从内部接近中国，在我所在的世界里工作。我从这些习俗里学到很多，找到了自己的参阅框架之外的空间。尽管思想上有了彻底转变，但我深信我还没有成为一个"村民"。

跨过界线

　　我活跃的另一个"村庄"就是 HY。该公司在过去的几年里得到了前所未有的发展，我有幸体验了这种发展。现在它正谋划更大的发展：它买下了北京西三环附近一栋新办公大厦的五层楼。总面积达 8000 平米的新公司即将成为总部，尽管这个建筑是平板结构，它还是被命名为"HY 塔"。虽然还没有人主动邀请我设计，但我已经在大脑里构思公司的内部设计。我对 HY 再熟悉不过了，因此在 HY 的雄心壮志下，我们获得了前所未有的机会以从内到外、从概念到细节的方式完成共同项目。

　　一周前，我去上海参加会议，会议结束后，我步行回到宾馆。这条人行道紧挨着绿化带，绿化带被铺设的鹅卵石隔开。两家不同的公司参与了建设：一个负责人行道，另一个负责绿化带。铺设绿化带的公司完工后，建人行道的公司才开工。

　　我的目光落在了铺路石和鹅卵石之间的一个小瑕疵上。

　　工人在铺路时与修绿化带的公司铺的鹅卵石相遇。这块鹅卵石稍微突出，没有和其他卵石在一条线上，有意无意地造成了一个困境。解决方法有两个：移除鹅卵石或修改路面砖使之协调。

　　铺砌工选择了第二个方法，切下一小块路面砖，给鹅卵石腾出空间。在荷兰人看来，这不是最明智的做法。我非常确定荷兰工人几乎会毫不犹豫地做出截然不同的选择：他会把鹅卵石向绿化带内移一下，然后铺上一块完整的路面砖。

路面砖与鹅卵石间的有趣关系

我怎么看待从这幅图片得到的发现呢？

职责的分化造就了路面砖和鹅卵石的连接方式。铺砌工的职责是铺砌人行道上的石头。他与鹅卵石的唯一关系是他要使路面砖与鹅卵石紧紧地契合在一起。鉴于鹅卵石已经提前铺好，他只能调整路面砖。

用最抽象的解释来说，路面砖和鹅卵石展现了不同的界线。它们描述了不同规模的界线等级、不同职责的等级和不同关系的等级。当我把这个界线放到我每天遇到的各种界线中时，一幅有趣的画面出现了，画中调整过的路面砖似乎阐明了很多。

如果把 NEXT 和 HY 放入这幅图画中，那么 NEXT 就是鹅卵石。NEXT 是一个汇集想法和人力的共享品，随便组织却能够达到惊人的联系和共同目标。比如，在阿姆斯特丹，我们在大型办公桌上工作。同事们随意坐在实习生中间，这样消息就可以向四处发布扩散。虽然公司和项目都有自己明确的职责，但它们也在尽量避免组织上的等级制。其背后的理念不言自明：只有人和想法实现最大互动才能从根本上获得最大资本。共同的职责取代了内部界线。我猜在中国人的眼中 NEXT 是一个组织混乱的公司。

还是在这个比喻中，HY 就是严格有序的路面砖，石头和石头之间有着清晰明确的界线。HY 有很明显的等级划分。每一个员工都知道自己在整体中的作用和地位。每个人只局限于自己的相关责任，绝不会涉足其他领域职责。与 NEXT 相比，HY 不同部门之间的水平界线以及各等级之间的垂直界线更明显。在荷兰人看来，这会使有巨大潜力的公司相对隔离，而且发挥创造力和天赋的余地也会变小。

把 NEXT 比作鹅卵石，把 HY 比作路面砖，两个公司之间的关系和界线就会一目了然。

鹅卵石和路面砖分界线的图片直接暴露了合作的弱点。NEXT 和 HY 的想法和工作方式不能并存。

两个公司没有很好地融合，两者之间的合作缺乏思想上的交流，至少荷

论坛楼梯上的生日聚会

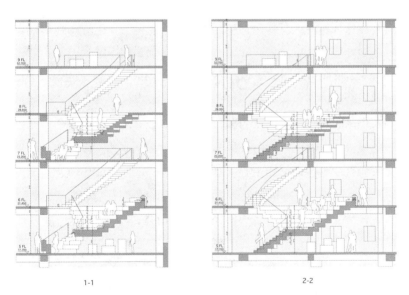

1-1   2-2

"论坛式"楼梯连接不同的楼层与部门

兰人是这么认为的。然而，图片中也有一些带来希望的东西：界线遭到了破坏。如果我把这个图片放到自己身上，那我就是那块妨害界线的鹅卵石。同时，我发现边界遭到侵蚀的情景正是我们最想看到的。如果界线一直存在，我们注定无法融合。

在飞往北京的飞机上，我一直随身带着这张图片。在飞机着陆的时候，我发现新的室内设计可能会跨过界线：中国同事之间的界线，NEXT 和 HY 的界线——可能是最希望的——我和中国之间的界线。因此 NEXT 应该而且将会提交新公司的设计提案。

HY 和 NEXT 都是富有创造力的公司。很显然这个项目为发挥创造力提供了条件：人们可以交流想法，进行互动。根据这些出发点，我们在没有收到邀请的情况下开始为五层楼做室内设计。联系是发挥创造力的第三个条件，也是增强公司爆炸式发展所需要的凝聚力的保证。

设计方案的核心是两个二叠分的论坛式楼梯，它们把五层楼连接起来，表面上看是楼梯，象征意义是论坛。论坛可以用来举办一些正式或非正式的活动，比如介绍会、讨论会和展览。楼道采用了在中国象征团结和谐的圆形设计，其位于楼面布置图的中心，与空荡的大厅相接。

中国人会认为这个设计很激进。首先，它没有保证大厅的空旷度。空旷代表着大小，因此也象征着权力和公司的"面子"。此外，这个设计旨在削弱中国的等级制。然而，荷兰人认为这个设计意义非凡。因为楼道是圆的，上楼的人会自动到达论坛的中心。对我们而言，这个设计巧妙而又批判性地指向一个事实：每个人不但有说话的权利，还有被倾听的权利。

在设计的过程中，我尽量使用 NEXT 和 HY 的中国员工。陈先生一针见血地说出了我的想法："通常中国公司的大厅又大又空。我们的设计很有趣：我们把人放在中间！"

我们没有得到通知就展示了主动进行的设计。结果让我很不安，我发现了一些细微而且占据上风的其他议程。联系、交流和互动固然重要，但是将要参与设计的"世界知名"的并跻身"世界室内设计前十名"的韩国建筑师更重要。我们"可以学到很多"——毕竟，他是一个"建筑大师"，有人这样对我说。陈先生更加明确地解释说："现在我们是客户，这要比建筑师轻松！"虽然我不理解让外部建筑师做室内设计的必要性，但我更没有理解"商业"目标。

和韩国建筑师的合作持续了将近3个月，之后合作便悄无声息地终止了。提出来的想法没得到理解，更没有互信感可言。与此同时，HY邀请我接手设计工作。他们一再强调新室内设计的重要性。"我们要精益求精，实现最好的效果！"陈先生现在是自相矛盾。我笑了笑，从中发现了良机。

当我毫不迟疑地接受这个要求的时候，我回想三个月前远观韩国建筑师进行设计的情景。我好像在那个时期体验了新的东西：耐心。我一直认为耐心是中国的一项坚不可摧的策略技能。现在我也具备了这种能力，我觉得我和中国的同事比以前更亲近了。

我们重新恢复了能量，投入到论坛双用楼道的初步设计中。我们设计了一系列配备咖啡厅的会场，包括论坛式楼梯和一个"会议中心"。员工可以凭借电子卡每月到此免费消费。通过员工的联络沟通来消除界线对我们的合作具有真实积极的作用。然而，缩小大厅的激进想法在第一次介绍会上引来了很多质疑。第二次介绍会明确规定在楼层之间尽可能多地留出空地："越空旷越好。"第三次介绍会上，论坛的实用性遭到了质疑。第四次介绍会上，我们被质问还有没有其他想法。这种含蓄的话语表明我们的设计被否定了。

接下来的几个月内，我们提交了大量新的改良方案。但是过程已经瓦解，每一次讨论就像抽彩票，每个人都开始收集图像，然后说："我喜欢这个……"

我们焦躁不安地等待着，终于等来了一个新的机会。

我们还是想用楼梯连接相关楼层。只是在这个"过程"中，论坛被张着口的中庭取代。购物中心或高档酒店很可能会接受这种楼梯设计。工程师应邀计算载重量，计算结果如下：如果把局部楼层加固成8厘米厚，中庭和楼梯就可以以悬挂结构而得以实现。

和陈先生吃午饭的时候，我没有多想，直接把论坛的楼梯草图熟练地画在了餐巾纸上。他看了草图后情不自禁地说："我们再试一次吧。"

我点头同意，开心一笑。回到办公室后，根据设计原稿，我们做出新的比例模型、新的幻灯片、绘图、图纸和计算。同事们的团体毅力让人惊讶。

会议计划在两天后的下午召开。中庭的"设计"没有地板上的托梁依然可行吗？

"很难。"工程师回答。论坛楼梯的比例模型放在桌子的显眼位置，从讨论会一开始就格外吸人眼球。会议室里聚集了不同年龄不同部门的员工，他们都以自己的方式参与这个项目。

"这个设计好建吗？"当比例模型被转动的时候，有人问。

"好建。"工程师坚定地回答。

会议室马上安静下来。所有人的目光仍然在比例模型上。

"这个设计非常好。我们要在四个月内完工。那我们就开始行动吧？"胡女士问，抢先说出了其他经理的想法。

在第一个草图完成后近一年，我们回到了起点。但是从那一刻起，一切都风驰电掣地变化着。项目也恰好在四个月内完工。我们搬到新公司的第一周，贾女士招呼我过去。

"约翰，快过来，他们正在用楼梯！"

我赶忙来到论坛，看到年轻人、老人、工程师、建筑师和各个部门的员工在圆形的大蛋糕前穿梭：有人正在庆祝生日。他们的欢声笑语在办公楼里飘荡。

陈先生笑嘻嘻地坐到我旁边。我俩一起看着眼前的场景。一方面，建筑师和用户的关系发生了微小的变化，另一方面，建筑师和客户的关系也发生了变化。中国同事之间的界线也发生了微小但令人欣慰的变化。更重要的是，NEXT 和 HY 之间的边界区的革新也变成了可能。

我发现陈先生在看着眼前的一幕的时候，仍然在笑。突然，有一种感觉胜过了我自己的欢欣：集体的欢欣。"马到成功"很让人上瘾，但是这非常好，非常非常好。

中体西用

来到新办公室后，我把玻璃隔间挪到了开放布置的区域。我这样做的目的就是挑战等级制。

"你是领导，你应该有自己的办公室！"这是听得最多的一句话。我的回应是——"商人才需要封闭的办公室；建筑师不需要！——几乎没人能懂。

我在新的办公间里向外注视办公楼层，回想我们的旧办公楼。我曾经和蒋先生讨论过我们的极简主义原则。

他问："为什么西方人喜欢简约的空间？"为什么都是白色的？那个颜色太不好用了！"他看着我，还没等我回答，就继续说道："我知道你通常会说：白色很纯净！但是我认为它会让人不舒服。"

"白色代表对本质的探索。"我试图解释。

"但如果你探索的是错误的本质呢？"

"白色代表未限定的空间，也为事情的发生准备了空间。"我试图用另一种思路解释。蒋先生仍然迷惑地看着我："我认为那种空间是艺术，不是建筑。"

那时，我清晰的"现代思维"在这种观点面前一无是处。但是现在似乎出现了新的事物：相互调解。在这个设计中，我们和 HY 没有拘泥于形式，而是从实质上完成了设计。这个设计可以给相关机构带去附加价值，而不仅仅是肤浅的"面子"。这个项目一开始就很特别，那是因为我们与 HY 一道，根据发挥创造力的环境进一步开发了我们的西方理念，并获得了成功。

　　我回想起朝鲜之行，我在那儿探索西方思想对一个完全不同的意识形态的可能影响这个存在性问题的答案。我没有找到答案。就像中国涉及到的其他学科一样，定义性问题的答案排除的真理比它包含的真理要多。或许这种真理探索——事情的"绝对真理"只存在于西方。蒋先生把这些探索总结为"蓝眼睛看中国"。因此，探索本身或许比任何结论更有意义。这种探索不断从每天的项目实践、同事讨论、旅行经历、和老庆等朋友的交流以及出乎意料的事件，比如和我的汉语老师王小姐的谈话等事件中吸取营养。

　　当我进入教室的时候，她正在煲电话粥。她笑着看了看手机后告诉我下午她要去见裁缝。我问她做了什么衣服。

　　"一件旗袍。"她说着，拿起一支签字笔在玻璃隔墙上画了一个草图。"旗袍"是中国的传统裙装。我从没觉得她适合穿旗袍，因为她曾经跳过伞——"太不可思议了！"——喜欢在中国的长城上野营——主要是因为她即将离开中国去澳大利亚攻读硕士学位。

　　她画了一个旗袍，然后对我说传统旗袍都有包着脖子的高领子。但是带高领子的旗袍穿着不舒服，于是她把领子改成了西式裙装的低领。她拿起刷子去掉中国旗袍的领子部分，然后又画上了西方的低领。她继续说她其实不喜欢旗袍，但是在澳大利亚学习是她作为中国人展示自己的绝好机会。看来在澳大利亚教授汉语也能学到很多。我哈哈大笑，顺手拿起一支笔。

　　我在旗袍草图的旁边写下四个中国字"中体西用"。"中体西用"这四个字可以直译成"中国的核心，西方的形式"。我是从《中国密码破译》这本书中知道的这个概念。作者在书中说，一个荷兰朋友在中国生活了二十多年，这个概念始于 19 世纪，也就是西方列强用自己先进的武器和科技侵略中国的时候。为了挽救衰亡的清王朝，改革者决定学习效仿西方，但是必须严格遵循一个前提条件：不能改变"天朝的封建本质"。

　　了解了这个概念后，我开始阅读全文。什么是"核心"，什么是"天朝"不能改变的本质？这些问题无法用简单的语言总结回答，但是书中体现了中国的独特性：书法的神秘美、以社会和谐为出发点的儒家思想体系、朗朗上口的唐诗、神圣的山川以及举国欢庆的春节和中秋节等节日。

我可以一口气列举很多。但是我发现它们得到了重新评估和调整。同样，清单的维护是一个亘古不变的工程，而且也是一个基本工程，因为"中体西用"四个字就是当代中国现代建筑中"空气、灰尘和蚊子"问题的答案。

我看着旗袍草图，观察中国和西方部分的分界线。

"你的旗袍体现了'中体西用'吗？"我问。

"当然。"她说。

我马上抓住机会，接下来是一场汉语对话。

约翰：中体西用，"中体"是什么意思？

王：这个问题非常难啊！

约翰：是的，对我一个外国人来说是很难，但你是一个中国女孩啊！

王：但是这个对我来说也很难啊！

约翰：试试解释给我听听！

王：从文化、历史上解释吗？

约翰：对，但是告诉我，关于中国文化的独特之处是什么？

王：在风俗、语言字符、传统和节日中有很多特别之处……

约翰：我们在欧洲也有这些，可为什么这些在中国这么地特别？

王：因为意义是不同的！

约翰：给我讲讲……

王：在中国，有很多特殊的含义。

约翰：多得让外国人不理解吗？

王：我给你讲一个古老的中国故事，是关于一群盲人和一头大象的故事。一群盲人不知道大象究竟是长什么样子的，于是他们决定去摸摸大象找出答案。第一个人摸到了鼻子，第二个人摸到了尾巴，第三个人摸到了耳朵，第四个人摸到了肚子，第五个人摸到了腿。他们摸同一只大象，但当他们互相告诉对方大象长什么样子的时候，每个人的答案竟然是完全地不同！

约翰（用英语）：中国的文化博大精深，人们可能只掌握一部分重点？

王（用汉语）：你太聪明了！

约翰（微笑）：没有啦！

王：你觉得中国文化的特别之处是什么呢？

约翰：与荷兰文化相比有很大差异。

王：解释给我听听。

约翰：好比咱们刚刚的对话，就是如何扭转一个谈话主题的独特例子。

王：那在荷兰人们是怎么对话的呢？

约翰：我们是直奔主题，不兜圈子说话。

王（微笑）：什么意思？

约翰：理解中体西用，什么是"中体"，什么是"西用"，两者的界线在哪里？

王：你的问题就像一头大象。

约翰（微笑）：没有可能的答案吗？

王（微笑）

约翰：……

王：好，让我来给你上一课吧！

约翰（微笑）：哈哈，咱们已经开始了！

我看了旗袍草图最后一眼，想象中国的传统旗袍的优雅线条将要迅速成为更加裸露的西式裙装。东西方的融合将会天衣无缝。这件裙装将会超越"中体西用"。

我的大脑还在沉思，目光在办公楼里游荡，我意识到"中体"和"西用"之间的界线贯穿在我参与的每一个项目中，是基本探索的一部分。它是一个有意为之却危险重重的探索。每一次提交设计，客户都会俗套地要求我们保持中西平衡。我认为这种情景存在于最典型的条款中，该条款将不可摧毁的中国建筑经济学与西方建筑师的外观设计联系起来。

重　叠

"对'中式核心和西方形式'界线的探索方式多种多样，但主要方式是实践。在中国，实践是理论的基础，而不像荷兰，理论是实践的支柱。"

女记者好奇地打量着我，看起来并没有真正了解我。我们正乘坐出租车经过一片荒芜之地，前往一个刚完工的工程：新办公楼的大厅。办公楼坐落于中国未来的硅谷。它的用户都是中国和外国的软件公司，因此设计要融入"中国传统"和"现代西方理念"。

"几年前，我会把这种要求当作项目的风险，现在我认为这是一个机遇。"我坚定地说。

"'中国传统'是什么意思？"

"风水理论，还有一些其他东西。但是也包含中国的接客迎宾传统。迎宾通常在正面的大厅进行，（建筑外观的后面）大厅就是公司的第二张脸。大厅的大小也很重要：大厅越大，公司就越能得到尊重。"

在驶过那片空地的时候，我解释了一下设计步骤：为了使这个项目中相对较小的大厅尽可能地达到最大的视觉效果，就需要把营造空旷效果的大厅内的所有典型的元素——前台、陈列品、座椅——都整合在墙上。

不一会，车子停在一座大楼前，我们下车进入大厅。我试图从第一眼中得出评价。我对这个设计的评估与女记者设想的不一样。

"你认为这些形式怎么样？"

我告诉她我们就设计草图请教了"风水师"。考虑到他的建议，我们在设计中融入了大量的中国传统元素。比如，他建议我们把一面墙分成八部分，然后再细分成八十八部分。我们抽象的日落红的墙面设计也得到了风水师的积极肯定。

记者从包里拿出话筒，开始录音。

约翰：风水师拿着"罗盘"站在这儿。我们认为从地面开始的前六米高度内应该保持平行，超出这个高度范围的墙体形式可以向内自由地扩展。风水师说："我们务必在这儿装饰一幅绘有大海的画，在那儿安一个红色吊灯，在那儿建一个竹园。"这是我们工作的一定程度上的前提条件。

记者：在这些严格的条条框框下工作开心吗？

约翰：这种工作方式挺不错。它让我们根据中西文化的重叠部分进行创新。这种创新衍生出的新元素不会得到你的直接认可，但是会引发你的思考。

记者：一些人从电梯上下来了……（走上去问）你喜欢这个设计吗？

中国女孩：非常喜欢。

记者：这个大厅完全符合风水，你看出来了吗？

中国女孩：风水？我不知道。

记者问其他中国人：打扰了，你喜欢这个设计吗？

两个人异口同声：很喜欢！

记者站在绘有大海的画旁边问另一个中国人：你注意到这里的风水了吗？

中国男士：风水？我不知道，我只觉得它看着挺好。

记者对约翰：没有人能说出这个大厅的风水意义，那么它到底有多传统？

约翰：通常，气由入口流水的小喷泉或者正对入口的屏风生成。这个设计中没有这种书面上的风水，其中蕴含更多的是西方版本的风水概念。

记者：中国特征，就是中国人在建筑上寻找的东西吗？

约翰：是的，我认为他们这样做的原因有很多。在中国对外开放三十年的影响下，这个探寻分为好几个阶段。起初是全盘接受外来事物，同时，我们似乎正在寻找一个自己的现代化阶段。中国对现代化的东西尤其感兴趣，但是必须要适应中国和中国国情。

记者：你引进国际化元素了吗？

约翰：我把国际化和对中国价值观的阐释相结合。这使中国产生了一些新的东西，其中蕴含着中国和世界的交叠部分。

采访继续进行，但是主题已不再是大厅。因此我没有提及并不是风水师说的所有话都是有价值的，我们没有全部采纳。比如，当他批评建筑的平面图时，出现了一个进退两难的局面。他的观点与我的设计逻辑相悖。大厅的墙恰好呈曲面，形成了一个漏斗形的设计。这个样式会使外面涌进来的人向一个点集中，然后再出去的时候会向城市的四周散开。但是在风水师看来，这个样式风水不好。"气"可以随意进入大厅，但是它也能从大厅随意"溜走"。听从他的建议使墙互相平行就会使平面图不如之前透明。

和风水师切磋之后，我来到一个中国同事的办公室。公司内部都知道他是一个风水行家。我向他介绍了设计，然后问他的看法。他的建议和风水师的建议部分一致。但让我惊讶的是，他不认为平面图的设计风水不好。这个设计甚至利于"气的流入"。我兴奋地去找陈先生。

陈先生也参与了请教风水师一行，对此却没有兴致。他把很多建议划为"迷信"。"但是'迷信'也属于中国文化吗？"我问他，试图让他相信其中可能的附加值。但是我的话看来没有多少作用。当我说我想把"气"和平面图的透明度之间的两难局面告诉客户时，他直愣愣地看着我。然后他说风水是一个减轻责任的次要事项。"想象一下如果大楼不好销售，这可能会归结于我们的同事给出的风水建议。"

整个局面仍然让人很不安，最后他建议拿一个新的平面图给风水师看。在这个设计中，大厅 12 米高的墙在地平面之上 6 米内互相平行，与 6 米之上的曲面垂直。对此风水师马上评价道："对气没有负面影响。"

"你看吧，"陈先生热情地回应，"人都有两片嘴唇！"

我不解地重复了一遍。

"在中国，你总是可以对事情作出完全不同的解释。即使是同一个故事，你也可以说得完全不同！"他解释道。

我微笑着，陶醉在此时此刻他的热情中。

尽管——或者因为……

翻看之前的笔记时，我又看到了 DHV 的经理画的图表。几年前，我们的头顶上悬着一把达摩克利斯之剑，在荷兰设计只有 1% 的极低可能性建造建筑可能是我们来到中国的原因，但不是我们在中国待下去的原因。建筑中的风险和机遇并存，是我们待下去的动力。有一次，在阿姆斯特丹建筑中心（ARCAM）举办的展览中，谈到在华的西方建筑师时，估计在华有"三十多个荷兰建筑师"。大多数建筑师为了单一的一个事件、一个建筑竞标或一个项目设计来到中国。许多建筑师来到中国的原因有两个。首先，与西方相比，中国能够提供更多的建筑设计机会，这很诱人。其次就是对像中国这样的外国的建筑有好奇心。但是，如果设计真的投入建设，他们肯定对建成的建筑的质量有愧疚感。

中国建筑建设的实际情况是，建筑师的设计成果往往不能满足计划与组织方面的要求。最让人困扰的是只能保留设计的正面。而且当了解一个设计时，往往没有掌控设计进程，就会遭遇到"中国式"的建设危险。危及建设的危险数不胜数：极端的施工顺序安排、最低的建设预算、客户不断变化的要求、政府不断调整的规定、和固定建材供货商的合作、中国建筑公司的"专业主义"，等等，等等。

来体验中国的西方建筑师有一套不可辩驳的陈词滥调。尽管中国的条件不乐观，他们还是甘愿来冒建筑风险。因为只有在现在的中国才有发展建筑的机会，这个问题不断引起我的兴趣，然后它给自身提供了一个可能的答案。

我和陈先生在一家新开的餐厅里吃午饭。当他研究菜谱的时候，女服务员问他我来自哪里。

"来自欧洲。"他迅速回答。

"欧洲是一个国家吗？"女服务员问。

"包含很多国家。"陈先生头也不抬地说。

"那他怎么来自很多国家呢。"女服务员诧异地问。还没等陈先生回答，她继续说："欧洲像中国一样吗？"

陈先生在椅子上扭动了一下，他知道我喜欢这种情况。他迅速和我商量要点的菜，然后将其告诉女服务员并让她快点上菜，因为我们很忙。然后他开始不安地看着我，我却一直笑呵呵的。接着他的手机响了，但是通话还不到十秒钟就结束了。

"欧洲像中国一样吗？"我笑着重复这个问题。他叹了一口气，看来他不想谈论这个问题。我用汉语向那个女服务生要了一些餐巾纸，而这让她感到很惊讶。我在一张餐巾纸上画了一个图表，横轴代表时间，纵轴代表建筑面积。时间横跨五千年，建筑面积从零到一百万平方米。

然后我从 0 年出发，沿着纵轴从几百平方米延伸到上万平方米画了一条线。我在这条线上写着"欧洲"。然后我又以五千年前的数百平方米为起点画线，到 1978 年时达到了 100 万平方米，我在这条线上写着"中国"。

这个简图引起了陈先生的兴趣。

"中国历史悠久，远比欧洲的历史久远！"他直接自豪地说。

历史悠久——其中的意思是什么？我知道这是个复杂的问题。中国幅员辽阔，在地理、气候和文化上极具多样性。拥有着大面积的国土，在气候和文化上也极具多样性。它是一个矛盾重重的国家，无法用简单的词汇描述。但是我很想知道中国人对这个问题的回答。

当陈先生考虑这个问题的时候，我想起很多西方人在中国待了一周后就打算写一本关于中国的书籍。但是一个月后，他们的见识只能够让他们编写出文章的概要，一年之后，他们的观点越来越复杂，以致开始怀疑自己能否就题目写出只言片语。"还是保持沉默好。"一个在北京的德国医生如是说。

这些想要把中国的现象变成文字的人可能会面临故事无法结尾的可能。我曾经在某个地方读到当马可·波罗在中国呆了17年回到威尼斯后，他被认为是"谎言家"。他写的关于中国的书籍也被认为是荒谬至极。他临终之时，牧师还引导他承认说谎以慰藉良心。据称他最后说："我所说的还不到我见识到的一半。"

陈先生在思考的时候，变得越来越不安。然后他扑哧一下笑了。他说如果我们设想罗马帝国没有衰落欧洲的样子，我就能理解中国悠久历史的意义。

他的建议让我大吃一惊。如果罗马帝国没有衰落，欧洲将会享有相关文化和政治的连续性，最重要的传统将会从罗马帝国开始一直世代相传到21世纪。然而当代欧洲经历了一段动荡时期，尽管致力于建立欧洲联盟，但依然充斥着文化、社会、经济和政治上的多样性。古罗马的传统踪迹某种程度上在现代欧洲依然存在，但是这与中国在相对连续性下古老的价值观和传统无所不在的情况不能相提并论。

当我试图总结事实的时候，陈先生笑了：现在中国的学生依然在阅读几千年前的著作，与苏格拉底同时代的孔子依然影响着我们的日常交往。接着陈先生热忱地说：具有几千年历史的中国戏剧、太极和剪纸等艺术形式还是和我们这一代之前一模一样。我想到了老庆，他总是夸耀现代中国的战略性思维，它是由"几千年谋划和斗争"的积淀演化而来。

陈先生开始对谈话产生兴趣。他周游了世界很多地方，去过很多欧洲国家。他很想知道如果罗马帝国不会灭亡，欧洲城市将会怎样。

为了避开他的问题，我开始拿欧洲和中国进行比较。两者在过去的150年中都有一段动荡不安的历史，但是在最后的几十年中，中国以一种前所未有的速度变化着。但是，很多古老的中国价值观在今天依然占据着重要地位。

"那就是我的答案！"他回答道，眼里闪着光芒。我笑着，思考这个问题是怎样抛给我的。

饭菜上桌了。我指出图表上第二个明显的异处。与中国不同，欧洲目睹了建筑规模的渐进发展历程。虽然欧洲和中国在之前都有迅速崛起的大城市，比如17世纪的伦敦和阿姆斯特丹、8世纪唐朝的洛阳和西安，但是欧洲建筑

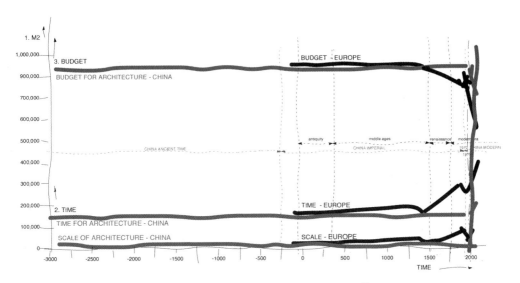

直观地比较中国与荷兰在建筑上的规模、时间和预算

的规模是逐渐增长。我总结道：欧洲的建筑在中世纪是数百平米，文艺复兴时期是数以千计平米，19 世纪是数以万计平米，如今建设的建筑群达到了 10 万平米。一系列的科技发明和创新不仅促进了社会和文化进步，也促使建筑不断进步，推动建筑规模不断扩大。

陈先生证实部分原因是由于可用的建筑方法有限，中国的建筑在 1978 年之前都是小规模的。20 世纪初期，也就是外国入侵时期，才首次引进外国建筑技术。但"新建筑是强加给中国的"，这在中国（众多）沿海城市的外国租界尤其明显。1949 年中华人民共和国成立后，俄国和东德建筑师带来了新型工业和居住建筑的新技巧。

我正在思考中国和欧洲最根本的不同可能是中国在外来影响下，经历了建筑技巧和建筑式样的现代化，而欧洲的建筑现代化则是内部影响的结果，此时，陈先生又开始了他的论述。

"你知道毛主席吗？"还没等我开口回答这个修辞性问题，他接着解释说毛主席一心建立一个有点妄自尊大的可塑的社会，这在小型建筑上有所体现。毛主席认为城镇是资产阶级堕落的标志。1949 年，他站在天安门城楼上宣告中华人民共和国成立的时候，他预言："我们将来会看到这儿烟囱林立！"我马上说确实达到林立的效果了，但不是烟囱，而是 1978 年邓小平进行"改革开放"后建成的高楼大厦。从那时起，可用的建筑材料和建设技巧以及一种看似无穷无尽需求的市场，促使建筑规模前所未有地发展。

"中国市场巨大，每一个地方都需要大型建筑。"陈先生说。这一次，他着重强调"每一个地方"。

我想起和老同事王先生的谈话。他对中国建筑的发展和欧洲的作了一个不同的比较：在欧洲，人们以永恒和尊崇上帝为出发点，把建筑建在石头上，比如教堂。在中国，人们以居住、生命短暂和尊崇君王为出发点，把建筑建在木头上。中国建筑的传统顺序是木制比例模型——体积——工匠建造，而不是欧洲的图纸——空间——建筑师建造。这种顺序加上木质建筑的局限性限制了建筑的规模。"甚至是 70 万平米的紫禁城也是一个复杂的小型建筑，"他说道，"一方面是由于建筑方法和可用建筑材料的限制，另一方面是因为任何人不得超越君王思想，致使中国没有建高层建筑的传统。这就是为什么中国对大型建筑有非常大的现代中式立面设计的需求。"

陈先生的手机响起。实际上，他的手机总是响个不停。语音邮件在中国没有市场——无论何时何地，每个人都是直接打电话。

随后他简单地说了几句，然后再次看图表。他拿起餐巾纸旁边的笔，在图表上又加了一层。他在纵轴末端标注上"月"，在横轴末端标注"年"。然后他分别重新画了两条线，第一条线代表中国的建设时间。此线从图表的顶部开头水平延伸到1978年，然后开始急剧下滑。他在中国的线条之下画了一条平稳下降的欧洲线。他放下笔，自豪地看着我。然后他拿起筷子开始吃菜。

除了建筑规模的历史和发展进程，这个图表揭示了第三个不同。中国的建筑速度比欧洲要快。

我什么都没说，只顾在图表上画第三个图层。我在纵轴上写着"预算"，然后我画了一条横跨五千年基本水平的线代表中国。而另外一条呈渐进的急剧上升趋势的线则代表欧洲。陈先生弯下身来看我画的新线条。第四个不同一目了然：中国的建筑建设花费比欧洲少。

除了中国比欧洲历史悠久这个事实之外，我们在午餐时间发现了另外三个本质上的不同。我俩最后得出结论：中国现代的建筑工程在规模、建筑时间和预算上与欧洲的根本不同。我打算着重突出最后两个应用统计，但是陈先生却无动于衷："统计学不是政治学，没有用。而一旦使用，它们也只能当作参考！"他说得对。虽然中欧在建筑时间和预算上存在很大不同，但是与之相伴的还有建筑质量上的极大差距。两者之间没有可比性。

那也就是说当今中国的建筑规划规模远远胜于欧洲的一切建筑。这不是统计，而是一个事实。出于这个原因，我引导他探索城市的奥秘。

"去年北京建成的建筑似乎比整个欧洲建成的建筑还要多。"还没等他回答，我接着说："有一个故事是关于柏林和上海的新任市长之间的一次讨论。柏林市长骄傲地宣称柏林将要建成十座新的摩天大楼。上海市长说上海有几百座建筑正在施工。每几天就会有一座新的摩天大楼拔地而起！"

陈先生还是重复他对这种情况的习惯看法："在中国，速度就是一切。"为了表示赞同，我说中国的建设速度和"混凝土变干"或"成立公司"的速度一样快。我引用的是工程师莫先生的话，当我就一个项目的规划向他询问时，他就曾经笑着这样回答我。我回想我们的项目的建设速度。这儿毫无例外地实行一周七天、每天 24 小时的轮班制。很多项目会同时动用几千个建筑工人。这意味着建筑时间远远短于荷兰，荷兰复杂的事项申请程序和公共调查步骤大大延长了项目的准备时间。

我俩继续安静地吃饭。陈先生对这个话题的兴趣似乎消失了。我猜得出原因：他没有听到一些新信息。为了使讨论继续下去，我问："你怎么看待建筑预算？"他看着我，满脸狐疑。

在中国的西方建筑师很难看透预算问题，因为这个领域似乎超出了他的能力范围。通常会有一个每平米的粗略预算作为指南，但大多数情况下没有任何数据。这意味着你必须首先做出设计才能计算花费和利润。这种计算方法贯穿于项目建设的始终，与建筑质量紧密相关。

"金钱就是一切，"陈先生简单回答，"国王的女儿不用长得很漂亮。"他继续说。因为市场需求，无论在什么情况下，项目都能售出——这就是他的观点。

陈先生的手机再次响起。几句话之后，他看着我说："我们得去开会。"我拿起草图，和他一同回公司。

当晚回到家后，我再次研究那张餐巾纸。中国与欧洲在规模、建设时间和预算上差别很大，这三个因素结合起来导致中国发展模式存在一个主要矛盾。中国政府规定改革要像"摸着石头过河"一样循序渐进地进行。但是，另一方面，在政府政策、房地产开发商和巨大的市场需求的推动之下，城市变化日新月异。因此，中国现代建筑发展的条件也在不断变化，而且几乎没有思考的时间。

与此同时，我搬到了建外 SOHO，它是北京的一个非常有趣的住宅项目。整个区域对公众开放。稠密的公共生活产生了大量能量——在北京是前所未有的——在项目中，三层楼之间由庭院和桥梁连接。我从第 30 层上俯瞰整个中心商务区，并注意到其中正在建设中的建筑。眼前的一个新大楼正在施工。我把目光投向那些建筑工人。

然后我想起混乱的办公室生活。正如陈先生对日常情况的描述"一切都是紧急事件"。规划的先决条件从来都是不稳定的。比如，中国同事在一次午饭中聊起中央政府的法规调整。几乎是一夜之间，全中国 70% 的住宅项目的单元不得超过 90 平米。这个调整是社会推动的结果：由于供大于求的不平衡关系日益明显，成千上万的城市居民仍然买不起房。

"调整怎么实施得这么快？"我问同事，尽管实际上我已经知道答案："在中国，一切都能够变化得很快。"中国不断变化的环境和相应调整的前提条件及条例在荷兰是无法想象的。但是中国的建筑实践已经完全适应了这种环境。

当我看向外面的天际线时，我想起一些事情，忍俊不禁。"在过去的五十年中，荷兰一直在讨论拓宽高速公路的问题。"这种话语使在饭桌上埋头吃午饭的中国人惊讶地抬起头。我讲完三周前收到政府来信的中国同事的故事后，说了这句话。信中说三周后要在他的公寓楼后面修一条十字交叉道路。第一周什么动静也没有，两周之后成千人开始修建那个十字路口。

我又看了一下那张餐巾纸，明白中国和欧洲之间有着数不清的差异，这可能不如另外两个发现有趣。

第一个发现是，光彩夺目的外表和高速列车呈现出的现代化只是博大的中国文化进程中的一个近代现象。我上周偶然发现了另一个"神奇的数字"：据估计具有或正在建设"城市展览中心"的中国城市有 120 个。我参观过很多城市的展览中心。他们的城市建设意图都不约而同地呈现在几百平方的大型比例模型中。这些模型主要突出两个方面：高级基础设施——机场、高速公路、火车站、地铁——以及中心商务区形式的摩天大楼。

基础设施和摩天大楼毫无例外地成为了中国城市现代化建设和发展的标志。我在旅行中不断寻找这一事实的证据。在银川，从高处鸟瞰，视野所及之处，新建的路口分布在高楼林立的背景中，广告牌各式各样，不计其数。

在飞往中国东北城市沈阳的飞机上，每个乘客手头上都有一本航空公司的杂志，里面都是些鸟瞰图，图片下面的文字说明是"沈阳，我们崭新美丽的现代都市"。在中国的南部城市深圳，城市中仍然习惯于树立正面是邓小平图像的著名广告牌。在他的笑脸肖像之后，或者说是在他的一觉醒来之后，深圳正在描绘一幅新画卷。但是即使是在我参观过的一些不太出名的城市，比如乌鲁木齐、呼和浩特、重庆、成都、长沙、武汉、郑州、合肥、济南、厦门、哈尔滨和长春，也在寻求实现深圳式的发展。

当西方人第一次游览中国时，第一印象就是光彩夺目的外观和高级基础设施。这诱导他们把这些城市景象与西方的现代城市联系起来。但是以我的经验看来这其中存在着一定程度上的差异：同种建筑材料和可交换的形象也同样经常有不同的含义。

我再次穿过地平线往外看去，发现我的想法没有跟上时代的变化。在某些包罗万象的示例中很难捕捉到这些思想。然后我想起和中国朋友夏小姐的谈话，她曾经向我讲过中国家庭各代人之间的巨大代沟。举例说，一个普通的家庭可以体现出君主时代、改革时期和当代社会。我问她各代之间的相似性。她知道我想知道什么：旧的价值观在当代中国依然存在。她没有提及关于家庭的一些故事，而是告诉我"九龙戏珠"和上海市中心的十字路口的复杂建筑历史。

很多建筑公司无法为中间的柱子打地基，柱子直径六米多长，将近四十米高，于是就去拜访一个寺庙寻求解决方法。庙里的和尚知道工地的奥秘：不能打地基的原因是因为地下睡着一条龙。和尚知道解决方法，但是说出来他就没命了。根据他的建议，建筑公司对地基进行了新的尝试，此举成败关乎附近第二根柱子的地基。这一次真的奏效了。和尚警告说要使龙高兴就需要在柱子上附上铜龙，工人照他说的做了。然后他真的死了。

我问夏小姐这是一种信仰还是迷信。她只是说："这是真的！确有此事！"

这个事例并不是个别事件。老庆曾经提到晚清时期旧价值观和现代化进程的复杂关系："建设铁路、开通电报线、建工厂、挖煤矿都遭到了坚决反对。"他说其中的原因是，大部分中国人认为这"会惊动祖先的亡魂"。

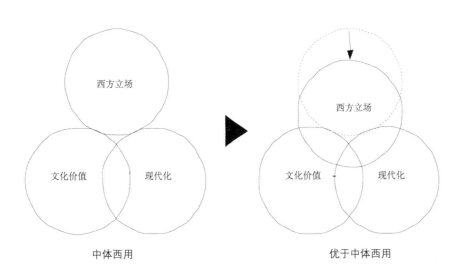

中体西用　　　　　　　　　　　　　优于中体西用

老庆把中国"迷信"的起源追溯到道教的影响和对天命的信仰。"你的思想受到了古希腊的很大影响。"他说。当我问他我们的思想有什么特点时，他回答说："我研究过你们：你们很理性，头脑也很冷静，你相信命运掌握在自己手中。"我只得笑着承认，不管怎样，他对我越来越了解。

我曾在很多场合向同事和客户说过我的第二个发现。我甚至经常用这个发现强调合作的必要性。当前中国高速前进的城市化进程在世界史中是史无前例的。没有先例就会使各方缺乏参考借鉴，包括政府、客户、空间规划师、城市规划师和建筑师。这反过来也说明中国的发展势必建立在内在的不确定性之上。"现代"、"国际化"和"地标"等概念——仅列举三个——英汉、汉英翻译非常简单。但是实现计划需要的解释、理想和条件以及参与者的行为方式都与西方的风格不一致。

中国是一个文明古国，现在正在不确定因素之下进行着如火如荼的现代化建设。然而，在极其不稳定的现代外衣之下，中国似乎十分了解和尊重根深蒂固的文化价值观。这些价值观很难忽略，它们交织在现代化进程中的各个领域。

稳固的价值观和不稳定的条件：我还没有如此近距离地接触中国的定义。我回到桌前，试图画一个"尽管"或"由于"中国价值观与条件的"建筑"的图表。

我认为通过将两个发现抽象化为两个领域才能最好地理解现代中国建筑的发展方式——现代化在中国的文化发展中是一个极其近代的现象，中国的发展建立在内在的不确定性之上。第一个领域涵盖广义上中国文化的稳固的价值观。第二个领域包括中国的现代化构想造成的中国当代设计和建筑的不确定条件：中国建筑师的设计规划意图的不确定性。

现代中国建筑似乎是从这两个领域的重叠部分发展而来的。中国的建筑师在"不确定"领域中根据自己的"确定"文化领域而开展工作，这个重叠部分形成了他们的操作范围。

第三个领域通过想象而来，西方建筑师的"观点"使之成形。这个"观点"提供了一个基础，也就是西方的地位，在此基础上，中国的价值观和条件才得以解释，中国的项目才得到发展。

通过三个领域多方面的结合，在西方建筑师的能力范围内提出了多种方案。

一个方案是给出确定的中国价值观的西方解释，结果会形成一个不易理解的"中式"项目；另一个就是接受不确定的条件，结果会产生一个普通的项目。这个情况充分体现了"中体西用"，一种中国的价值和条件的综合运用。

西方建筑师的机遇超越了在中国价值观、中国条件和西方诠释之间的"中体西用"所呈现的虚构的界限范围。正是在这里，为了一个可能性的建筑贡献，超出了建筑外表面的机遇上升为第三种简明的理性。通过渗透进入中国的领域中，从中国的立场出发来了解中国的项目才会成为可能。

助长不确定性

约翰：谢谢你们的邀请！演讲的主题是什么？

某人：没有主题，你随便说就行，你可以介绍你的项目。

约翰：难道没有一个大主题吗？

某人：这是一个关于城市建筑设计的高端论坛。

当我挂断电话时，我想到做演讲是一个强制性的思考阶段，而且应该尽可能地抓住每一个思考阶段。但是，我怎么在城市建筑设计的高级论坛上进行自由演讲呢？讲述我们项目的设计策略或许比单纯的解释项目更有意思。两周后，我开始演讲，投影屏幕上首先出现的是项目的模型图片。

来到中国的时候，从概念到产品设计，我们准备了足够的项目计划。但是我们不确定这些项目是否能够变成现实。现在回想起来，这个限制对我们产生了积极作用。经验的缺乏为我们对怎样在中国搞建筑的探索提供了能量。在探索中的发现让我们形成了现在的建筑思路。这条思路未来将会如何发展不得而知，但至少可以查探到它的起点。

转过头来回想，我们在中国面临着各种各样的挑战。首先，我们要在中国提出概念，然后在中国发展实践。第二，我们缺乏在中国做建筑的资质。第三，我们面临着前所未有的建筑规模。第四，我们必须在中国找到建筑实践间的直接联系。第五，很显然我们需要速度和灵活性。

在这些挑战之下，我们的建筑策略随着时间的推移而不断发展。

在做几十平米到几千平米不等的小项目时，我们从组合理念中寻找附加值。这些组合理念可能源自于那些已经存在但是还未被体验的事物，或者源自于造成各部分自身价值比各部分的综合价值还要大的一些意外事件。举例说，柳明项目的销售中心的建筑体量和规划与建筑的内外通道相结合，以便能够使人感受到周边环境的美好。在"富有创造力的公司"，利用起连接作用的开敞的公共楼梯将五个办公楼层联系起来，为互动、交流和发挥创造力创造了条件。这些建筑联系的起源与我们荷兰项目中大部分的同规模的项目非常相似。中国的建筑师对这种规模建筑的建设进程和结果有一定程度的掌控，尽管这种掌控比欧洲的少得多。

当我们首次在中国做第一个几万甚至更大规模的项目时，我们的建筑策略也随之发生了转变。这种规模的项目主要通过对比寻找自身的附加值，可能是细节与较大的整体之间的对比，也可能是采用必要因素的极限而产生不可避免的事物间的对比。比如，我们可以小幅修改师范大学学生宿舍楼的凉廊，造成个性和一致性的对比。在 ABB 的项目中，我们用典型办公楼的基本原理与结构可能性的最大界限的对比，使之成为一个生态展示中心。

经验告诉我们，做这种大规模的项目时，建筑师对过程和建筑质量的控制力比小规模的工程要小。这是一个基本矛盾：项目越大，建筑师的影响力越小。

我只是从理论上知道了这个悖论，但是在几十万平方的建筑项目规划中，它就变成我们实践活动中不可或缺的一部分。在这种规模的项目中，我们逐渐开始检验寻找发展不确定性的想法的附加值的概念。在项目的东西走向，确保建筑的不同部分在高度上变化多样。结果，这样可以在工程的后期优化建筑面积和空间体系。我们把城市道路并入到在原有工厂的地基之上建立的办公建筑中。与此同时，这个设计给外观带来了最大程度的自由，而这将会使外观保持六到八年。

助长不确定性的想法源于我们的荷兰思维模式（助长不确定性的想法与我们荷兰人的思维方式有很大的联系），在这种思维模式下，我们在众多项目中抵制过度设计。但是鉴于我们主要在荷兰的城市设计和空间规划项目中形成了"未知领域"的想法，在中国探索未知领域的机会似乎体现在建筑规模上。

灯光亮起来后，室内掌声雷动。听众问了好多问题。然后我又参加了一个大型午餐聚会，参加聚会的人来自各行各业，而且都普遍表示出合作的意愿。但更有趣的是，这次演讲让我有机会倾听自己。恰恰如此，我发现了一个新的挑战：进一步发展"助长不确定性"策略。

规定 VS 未规定

几周以来，挂在公司演示墙上的图表展现着中国的社会环境提供的建筑机遇。当我看到它的时候，意识到"助长不确定性"的建筑策略至少显示出两个基本挑战。怎样保证建筑质量？怎样避免项目广泛化？

我们在项目中提出了一个共同标准作为这两个问题的答案，它从根本上将我们的设计规定的和没有规定的部分分割开来。

项目的规定方面似乎是从三大领域的重叠部分发展而来：稳固的中国文化价值观、不确定的中国条件以及我们的建筑阐释。未规定的方面包含中国环境中固有的不确定性。在项目中，规定的方面就是一个固定的框架，最大限度提高未规定方面的灵活性。其目标是在不改变方案本质的前提下留有修改的余地。

我思索这种工作方式的可能源头，然后很快得出结论：它可能源于期限为两周的 IBM 项目设计竞赛。

IBM 规定了建筑界线、最大建筑高度，规定建筑面积为"35000 平米左右"。和中国的开发商听取这个关于这些要求的介绍会之后，我们一起参观工地，展现在我们面前的是一幅"月球风景图"。一切都被夷为平地，看不见旧建筑的一丝踪影。因此，我们面对的是一个没有背景，只有四个前提的项目简介：IBM 是使用者、建筑界线、最大建筑高度和"35000 平米左右"的建筑面积。当我们在办公室里根据这个背景研究的时候，客户打电话来补充了新的信息：和 IBM 的谈判仍在进行中，因此我们不能单纯地设定建筑的用户就

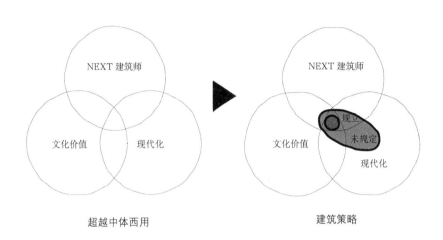

超越中体西用　　　　　　　　　　建筑策略

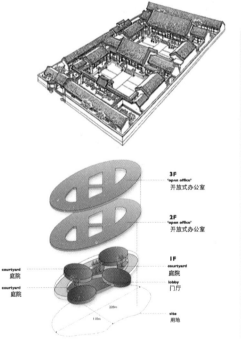

传统居住庭空间演变为办公庭院空间

是 IBM。随后我们收到更多信息：IBM 的每一栋大楼不仅要符合当地以及美国建筑条例，还要达到 85% 以上的使用率。

　　概括起来，我们发现目前这个项目没有一个固定的使用者、一个确定的功能和一个背景。我们可用的前提条件只有一个建筑界线、最大建筑高度、建筑面积范围、符合中国和美国的建筑条例以及 85% 以上的使用率。我们没有把所有的未知因素看成是限制因素，而是把它们当作一个设计具有充分灵活性作品的机会，这个设计能够适应将来任何从未知变已知的变化。

　　给定的基地地形是椭圆形的。为了保持它的边界，达到建筑面积要求，我们设定了一个三层楼高的椭圆形空间。然后我们切掉其中一部分来保证充足的光照。这里切除的是北京古老的庭院住宅——四合院的庭院。在这个设计中，庭院不是用在居住环境中，而是用在工作环境中，100 米长、200 米宽的庭院将会成为这一部分的"静谧之地"。

　　我们计划设计四个庭院。最上面的两层椭圆体建在同一平面上的四个小椭圆体之上。这样一来，我们就充分利用了地平面，突出了入口，加强了庭院和环境的协调关系。理论上，集体功能浓缩在同一平面上的四个椭圆体中，四个椭圆体间的剩余空间就是全部公共空间。

　　我们遵循中国和美国的建筑条例，优化了庭院的空间比例。在设计中内部的一条环道集中体现了内部的循环空间，而且还贯通了四个庭院。因此你在大型建筑体中不会感到你正位于一个空旷的内部空间中。这也使建筑的使用率达到了 87%。

　　当我评估这一思维过程时发现这个方案的优势在于规定和未规定之间的明确界线。项目唯一确定的部分就是内部由传统四合院演化而来的四个椭圆体。庭院周围的一切由于建筑用地的限制，都是不确定的：在不破坏设计的空间质量的情况下，确切地说是建筑内部的四个庭院是有序组织的，可以随意改动组织、建筑面积和高度。

建设中的 IBM

现代国际标志性建筑

"恭喜你！"

陈先生兴奋地站在我的办公桌旁边。他大笑着和我握手："这是个大项目！"他的眼睛放光："大约 22 万平米！"

这是一个包含三层裙房和裙房上部两座主体塔楼的综合性建筑。它在很多方面都很典型，首先是因为这种规模项目的前提条件。这个建设中的综合体的建筑面积"大约"是 22 万平米。然而，大部分规划依然未知：没有确定高层建筑和裙房是否会容纳办公室、公寓、酒店式公寓或者这些功能的综合，也没有确定是否需要包含百货商场或者购物中心或者两个兼有。

这个项目的历史本身就是一个典范：来自中国和西方的许多建筑师都曾经参加过这个项目。这就是这个项目是如何一步一步地发展而来的。详细规定出台后，建筑师们一再地设计了大量的立面方案。

最后，参与项目的每一个建筑师面前的任务很明确，那就是把这块普通的空间体建成一个"现代国际标志性建筑"。

现在挑战已经来临了。我看着陈先生，他依然笑嘻嘻的。我对这个项目的感觉很矛盾：它只是一个外表设计。陈先生坐在办公桌前忙着画北京的平面示意图。他说这个项目的地盘是一块"黄金宝地"。因为我每天回家都要从这个地方经过，所以我对它很清楚。他开始讲一些我已经知晓的事情，但我还是被他的热情感染了。这个地盘毗邻老北京的城墙。只是现在古老的城墙大都消失了。在毛主席在位的时候，二环路取代了旧城墙，这是一条环绕老城区的有八车道宽的半高速路。在某种意义上，二环路是老北京和新北京的分界线；二环路以内的城市结构比它外面的结构得到了更多的保护，客户也可以更自由地体会到"现代建筑"。

这个项目包含一个我一直没有明白的主题："当地环境 VS 现代国际标志性建筑"。我衡量了两周前客户给我们的这个机会。这个项目给我们留出了介入干涉的余地；余地很小，但不得不承认它是存在的。而且，这就是我们面临的情况，"我已经全身心地投入到这个项目中了"，我用汉语对陈先生说。

我想在中国环境下运作这个项目，使中国特征超出二环路，向外扩展，要求将项目融入到中国环境中，并且使中国公民的居住范围扩展到二环路边界以外的地方。当我乘坐出租车前往建筑工地时，我和出租车司机谈论起老北京，他告诉我几百年前，也就是明朝时期，那时候享有声望的丝绸市场可能就位于这个建筑地盘上。我把这个发现、这个工地的特殊历史当作设计的出发点：几百年的历史变成了建筑外层的铝制编织物。这个设计非常灵活：可以在最大程度上调整设计式样，适应后期更加具体的计划要求。因此设计也很有战略性：通过制造"瑕疵"，设计就能够引导和促进体系多样性。在与荷兰相反的中国建筑建造过程中，直到建造的后期，结构可能一直在变，以便能够形成多样化的空间，例如甚至可以有建造屋顶花园这种特殊功能的空间。

客户显然十分满意："这个设计非常非常具有创造力！"销售专家马上进行集体讨论，提出了诸如"丝绸般的舒适尽在此国际标志性建筑"之类的口号。会议结束后，陈先生在返回公司的车上再次笑嘻嘻地说："这是个大项目！"我也笑嘻嘻地说："也是一个现代的国际标志性的建筑！"

但是我的工作日程远远超出了介绍会上的计划。通过用抽象的形式表现工地的历史，蛮横地使它融入周围环境，项目试图在工地和城市的环境之间建立一种连续性，为中国城市演变进程中典型的错误线路提供一个选择。

尽管我对项目很狂热，但是阿姆斯特丹方面对项目反应冷淡。他们的看法和我在北京的看法不一样。在荷兰人看来，他们是完全正确的：毕竟它"只

1：5现场仿制

是一个外观"。

那么为什么这个项目这么吸引我呢？

这是因为从中荷联合设计的角度来看，它是一个中国建筑实践中的一个值得关注的项目；也是因为这个空间明显区别于那个在黄河的人造岛屿上建造的阿姆斯特丹皇家宫殿形式的五星级酒店的项目。这种存在的空间需要探索，即使只有实践才能检验什么是可行的，什么是不可行的。

但是我也意识到，纵观我对项目的评估，我从没有像现在这样距离荷兰这么远。

六　反思

Reflection

被模仿说明你正在成为一名大师

北京，2008 年，奥运会开幕前的一个月

工作结束，笑声在公司里回荡。坐在各式各样的办公桌后面的同事们都瞪大眼睛看着我。这是可以被称为离奇的一天的高潮。

那天上午，我和贾女士去一家比例模型制作公司检查用于介绍会的模型制作进度。这家公司是项目的负责人特意向我们推荐的。我们四处打听，终于找到了公司所在的大楼，当我们找到入口时，我不禁抬头观察。这个大楼像北京的成千上万座大楼一样古老而没有特色。我们乘坐电梯来到五楼，出电梯后，眼前的情景吸引住了我的目光。

我们所到的公司是我们旧公司的廉价仿品。一切都似曾相识：地板、前台的形状和天花板上的照明线！我向贾女士表露我的兴奋之情，然后拿出相机并问接待处的女孩她的老板是否在公司。她明显被我的激动之情吓着了，回答说没有人在。然后她问贾女士发生了什么事。贾女士坦白地告诉她他们的大厅设计模仿的是我们以前的大厅。那是 NEXT 设计的。

接待员一下子变得很紧张。她问我们是哪个公司，来这儿见谁。贾女士解释之后，为了彻底转移我们的注意力，她马上打电话给负责我们比例模型的项目经理。当我拍了几张大厅的照片后，项目经理快步向我们走来，目光从我转到贾女士，最后是接待员。然后他们抿着嘴认真地看着我，等待着将要发生的事情。

整个场面十分离奇，以致无人言语。因此我只是微笑。

NEXT 设计作品

被复制的 NEXT 作品

　　项目经理看到我笑了，脸上也露出了笑容。我俩热情地打招呼，简短的谈话中，他隐约地了解到我的来意，明白了我没有恶意。当他对我们的怀疑完全消失后，他向我们讲述了模仿我们设计背后的故事。

　　比例模型公司六个月前搬到了这座大楼上。他们询问了多家室内装修公司的报价，其中就包括曾经给我们做室内装修的那家公司。那间公司的工头给他们一本项目参照册，比例模型公司的老总从参照册中"选中了"我们的室内设计。"他非常喜欢这个设计！"贾女士向我翻译道。然后她又重复道："他非常喜欢这个设计！"好像我们应该为我们的设计被作为一件商品而得到广泛的赞赏而感到自豪。

　　回到公司后，我想从工头那里知道还有没有其他类似抄袭的实例。"可能有……"他开玩笑地说，但是当我问从哪里可以找到这些抄袭的设计、抄袭设计的都是些什么公司时，他不吱声了。

　　怀着一种奇怪的兴奋感，我把拍摄的模仿我们室内设计的照片拿给中国同事看。他们中大多数只是笑笑。蒋先生没有一笑了之，而是大声用英语说："被模仿说明你正在成为一名大师！"我感激地向他鞠了一躬，接着，整个办公楼层充满了笑声。

改 变

　　任何方式都无法描述这一天：这是灾难性的一天。一开始是一个关于"西单110"项目的重要讨论。"西单110"是一个占地超过18万平米的多功能购物中心，是我们的一个长期项目。谈论会之所以重要是因为我们将要接触一个新的开发商。

　　几个世纪以来，西单和王府井一直是北京的主要商业街。一个中国同事曾经把王府井作为中国和国际游客的必去之地的典范。西单是北京的年轻人最常光顾的地点之一。"我们在中国的心脏上搞建设。"我们的客户说。它距中南海只有几百米远。

　　我们的第一个项目草图耗时三年多。当我第一次参观工地时，工地上正在挖坑建地下停车场。许许多多的建筑公司，包括中国、日本和美国的建筑公司，都在忙于这个项目。开始施工后，客户开始怀疑最新的设计方案，要求我们再提交两个新的设计方案。

　　因为项目已经动工，我们的调整也只局限于外观设计上。但是我们没有把"做得漂亮"这句教条当作我们的出发点，我们的方案集中在适应方案和空间的可能性变化上。以外观设计为起点很容易引导出这些变化。另外，我们的意图是项目的局部呼应眼前这种大规模的商业建筑群和形式与广告之间形成的不和谐氛围的环境。

　　尽管有这些意愿，但是在介绍会上，我们着重强调中国更加欣赏的一些东西。我介绍了客户选取的方案，它是"一个水晶卷，在上面悬挂着立面柱的窗帘"。"立面柱的窗帘"上椭圆形的切除增强了悬挂的想法。因为玻璃体是透明的，因此可以在透明玻璃处设计特殊功能的空间，比如露天大厅、阁楼以及 LED 楼面。而且设计也具有灵活性：椭圆形的最后形式可以在建设的最后阶段确定下来。

在接下来的三年中，这个设计在从购物中心到百货商店，又到购物中心，然后是两者兼有的转变中，显示出了强大的生命力。它也能够适应其上部空间从办公楼到酒店式公寓再到办公楼的转变。我们的设计正是结合了客户给出的各种建议，而这些建议是根据她在国内外旅游中所搜集的想法而得出的。这个设计足以满足一个潜在的日本买主的特殊要求，即在建筑正面的前五层涂上日本这类建筑所惯用的颜色。这个设计也得到了风水师的积极肯定，而且也能与台湾室内建筑师的设计相融合。这个设计也稳稳地"抵制"了从销售的角度来改进它的四个销售公司的强烈要求。这个设计击败了数不清的其他建筑公司提出来的"其他想法"。当地的居民想要一座新的居民楼，在与他们的协商后，项目也就不会被延期了。它经受住了奥运会期间所有建筑停止建设以及世界金融危机初期的考验，顽强地存活下来。

确切地说，项目的一半已经完成了。但是这似乎成了一个限制因素。客户的流动资产缩水。正在建设中的项目卖给了另一个开发商。

当天早些时候，我们去见新的开发商。

我从车窗向外看去，北京从身边一闪而过。我们没有收到会议日程，我们也不知道我们能够期望什么新消息。

半小时之后，我们到了一个大型会议室里。我们的到来显然让新客户的项目经理很惊讶——他惊讶到有点词不达意。他说三十个销售专家将会讨论"项目的市场定位"，但是"也欢迎"我们的参与。这似乎在暗示不需要我们发言。陈先生友善地说我们非常忙，请尽快通知结果。"我们不能坐在会议室的第二排。"在我们再次进入电梯的时候陈先生坚定地说。

回到车里后，我让一个中国同事凭直觉说说这个新情况。"这个将来可能会很困难，"他回答，"这些专家必须向老板展示自己的工作、努力和学识。因此他们必须改变设计。"我一字一句地斟酌他的这句话，它一直在我脑海

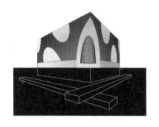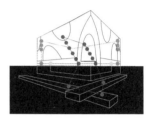

"褶皱的悬垂"立面　　　　开放空间　　　　　　流线

里回响。

我们的车子碰巧驶过有着铝制编织物表面的"大项目"的建筑工地。楼房近期开盘销售。三周前，其外观的实体模型得到我们的认可，按计划在两个月内施工。当我在深思西单这个项目必然的改变可能带来的影响时，我目不转睛地看着建筑工地。工人正在忙着给巨大的广告牌安装效果图。当我看到那个已经安装好的宣传图片时，我大吃了一惊：他们居然没有通知我们，就擅自修改了外观设计！编织式样的外立面已经消失不见，取而代之的是灰白色的石材立面。

一个发现这个情况的中国同事轻描淡写地说："旧的不去，新的不来。""如果旧的不去，新的就不会来。"我大声用荷兰语说。"没事。"陈先生用英语说；他在开车的时候注意到了我的心烦意乱。

对于很多在建的项目，他经常会说这句话。为了巩固观点，他还会说一句："谁会在意！"

陈先生说过的这么多话中可能有一个核心真理。但是这个真理不会与另一个真理冲突：那就是我很在意。毫无疑问，陈先生知道此事，他也知道我目前已经意识到建筑师的能力是有限的。

"大项目"是一个失败的项目，但是我更没有想到西单项目也处在失败的边缘。

"我们怎么办？"我大声问陈先生。

"耐心地等……"一个熟悉的回答。

我觉得我们可能要等很长时间。

建筑师的能力范围

我们一行十二人来到高档酒店的私人包间里，围坐在大圆桌前享受着山珍海味。第一瓶"白酒"（中国的米酒）已经喝完。我们正在为一个新合同的签署庆祝。

"可能欧洲的建筑更先进一些。"有人说。

为了认可他的观点，我说每一个简单的比较都是经过思索的。中国的建筑无法和欧洲的建筑相比。然后我又提到了中欧在规模、速度和预算上的不同。

我的观点得到了大家的认可，客户以此为由再次向我敬酒。然后他笑呵呵地问如果是这样的话，我怎样能够保证设计概念在实践中和我设想的保持一致。

这是一个委婉的问题。客户比我更加了解项目中的很多影响都是超出建筑师的能力范围的。

"要有耐心，而且尽可能多地去工地。"我回答。

我的回答为我赢得了新一轮的"干杯"，另一瓶酒也喝完了。

"他喜欢查看建筑工地？"坐在我对面的项目经理吃惊地自语道。然后他说在之前的公司里，他们曾经和一个意大利建筑师一起工作，他被认为是个"怪人"。当项目经理回想起意大利建筑师经常抱怨时，竟然哈哈大笑起来。他尽力模仿意大利腔的英语说："我的意大利鞋子在中国的建筑工地上弄脏了！"我也大笑起来，但是没有真正明白这个笑话。

我认为建筑工地是有魔力的地方，因为设计想法要在那里得到实践。我喜欢参观建筑工地，不仅仅是因为可以第一时间掌控建设的进程，也是因为它们为我们提供了良好的学习机会。

来到中国不久，我发现在中国的"少即是多"与我在学生时代学习到的有着不同的意义。中国落后的科技是中国同事口中的"过度建造"的恰当回答。我想复杂的术语思考和提出复杂的设计方案是西方建筑师在中国遇到的第一个误区。

举例说，我在一个建筑工地上出神地看了十五分钟的楼梯装配过程。建筑工人正在用杠杆往上调整一个楼梯平台。有人喊"下"，可以确切地翻译成"现在"，蹲在一旁的焊接工会马上起身固定楼梯平台。

还有一次，我惊讶地看到人工挖掘喷泉的大坑，这些挖土工只管在坑里挖土，其他人负责往外吊出一筐筐的土。

我曾经见证了建筑工地上表面之下的各种力量的交织状况。这是我唯一一次碰到中国客户发怒，结果，建筑师的能力范围也非常明显地暴露出来。

我和秦小姐没通知，就直接来到五座大楼项目的建筑工地。最让我们生气的是，外观设计明显被改动了。计划从石头到大楼的玻璃的过渡是四个部分，但是现在被缩减为两个部分。我们也开始怀疑设计的正面图细节能否落到实处。

"我可以看一下图纸吗？"通过秦小姐的翻译我问了问项目经理。

"可能图纸现在不在这儿。"她翻译说。

"我们现在就在工地上，图纸怎么可能不在这儿？"我生气地用汉语说。秦小姐尴尬地看了我一眼，看来她对这个情况有不同的看法。

回到公司后，我把新拍的照片拿给公司的项目经理看。他证实了我的怀疑："你知道，是客户要求改图纸的。"紧接着他试图转移话题："对于正面图的细节——我们现在有两个设计，一个是高档的，一个是比较经济的。"他可能不知道我对这个更经济的设计毫不知情。

"许多——太多——项目成为了更为经济的设计的牺牲品！"我大声回答。

至于为什么没有告诉我设计的改变，我没有得到任何回答，但是我一猜就能猜出来。"为了使我不受坏消息的影响"，他们没有通知我。

　　我把照片以及原来的设计打印出来，给当时不在公司的胡女士写了一个留言。我把这些东西交给她的秘书，告诉她事情非常紧急。第二天胡女士通过秘书确认说是客户要求改动的。

　　在我要求之下，项目经理给客户发了个传真。传真强调两个正要施工的关键改变，而这些改变从根本上影响了设计。但是客户没有回应。

　　一段时间后，我提前预约，在客户的陪同下再次来到工地。我们穿过几百名建筑工人来到一些外观材料的实物模型前。我直接问他有没有看过我们发的传真。他看了看我，然后疑惑地看着他的项目经理。

　　当我们的项目经理主动地解释传真内容时，客户看起来很恼怒地看着他的项目经理。"我为什么没有看到传真？"他低声呵斥道。然后我们的项目经理给他一份复印件。

　　客户的项目经理犹如遭到电击一般，马上开始解释说计划表安排得非常紧。如果他们要想在规定期限内完工，就要听从工头的建议，"简化"项目的某些部分。因此工头提出了很多方案，项目经理没有别的选择只得同意。"期限非常重要。"他说。

　　听到项目经理的解释，客户更生气了。他手里挥舞着攥在手里的传真，重复问道："我为什么没有看到传真？"

　　项目经理低头看地，沉默不语。几十个建筑工人也停下手中的活，呆呆地看着眼前的一幕。

　　客户又读了一遍传真，然后问他的项目经理还有多长的时间可以来进行工程的调整。"承包商……期限……"客户经理结结巴巴地说，尽量避开客户的目光。

　　我们默默地穿过建筑工地，我对客户的项目经理越来越生气。他玩忽职守，结果使一个 20 万平米的项目预期的设计变得面目全非。

　　在回公司的路上，我问我们的项目经理：客户是怎样被蒙在鼓里的。"两个原因。"他说。我可以猜出第一个是什么："不让他知道坏消息。"

　　第二个原因让我哑口无言。"工头是我们客户的哥哥。"

　　我立马非常同情客户的项目经理。他的无能为力也让我感到很无奈。

一步一个脚印

"你正在体验中国，但是你觉得你在中国得到理解了吗？"010 的出版商彼得·德·温特问我，也是对我的题为"怎样在中国搞建筑"的手写草稿的回应。我之前在阿姆斯特丹的一次晚宴上是这么回答一个类似问题的："一步一个脚印地走好每一步。"这也是另外一个相反问题的答案：我是否了解中国。答案在这两种情境中都不明确。

和陈先生吃午饭的时候，我在一张餐巾纸上画了一份公用楼梯的草图，这才意识到一个共同目的。直到那时，我一直都在 HY 公司努力把设计意愿变成共同日程。这是一次挑战内部和外部等级制度的尝试。

在这方面有一个例子，就是一个由五座摩天大楼组成的"大项目"，它要求建筑师必须在一个小时内设计出外观图。和客户第一次讨论后，我希望调整中心高楼——酒店的外观。我们没有足够的时间设计优秀的原创方案。但是鉴于客户没有要求做任何调整，HY 的员工都没有意识到这个事实。更糟糕的是，我可能在改动一个实际上客户认为"很好"的设计。我最后说服 HY 一起设计新的方案，我们把它当作"另一种选择"。我们的主动性让客户很惊讶，他接受了新的方案。虽然 HY 一直没有理解做出新的立面设计的必要性，但是我觉得这是一个合作设计上的小胜利。

我把设计理想放在共同日程中的尝试当作一次"无意识的内部斗争"，和陈先生吃完午饭后我才意识到这一点。我认为结果是"对各自目的的完全理解"，因为陈先生看到餐巾纸上的草图后坚定地说："我们再尝试一次！"

在他的倡议下，我们选择了一个共同的建筑目标。如果我代表 NEXT，陈先生代表 HY，那么 NEXT 和 HY 永远也不会了解彼此。

难道陈先生是一个例外？我十分肯定他不是。

蒋先生一年前告诉我他很早就知道我。我不知道他指的是什么。他笑了，并提到了 2002 年我在清华大学作的"大都市图像"的演讲。"我在现场听了你的演讲。"

我无比惊讶。"你认为演讲怎么样？"我赶紧问道。

"几年前我想：谁给了这些建筑师那么多钱去环游世界、拍摄照片？""那你现在怎么认为？"我问。"还是一样！"他笑着说。

我也笑了，也没期望他有其他回答。

有让人最大程度地明白别人目的的事物吗？

我想起最近我和杨先生的另一次讨论。他再次强调他看待事物的观点："在中国只有一条路，那就是发展之路。停滞不前就是后退！"HY 怀着这种雄心，在我们的合作时期有了大幅度的发展，远远超过了 NEXT。它不仅仅在规模上超过了我们，在理想上也超过了我们。杨先生自信满满地讲起他的梦想："成为世界十大著名建筑公司之一。"

他注视着我，试图发现我们是否在此问题上达成了共识。但是他从我的脸上看到的是疑虑。这也同样是对彼此意图的一个认知。

NEXT 和 HY："同床异梦"？我们明确阐述了各自的梦想。NEXT 的梦想是"怎样在中国搞建筑？"HY 的梦想是"怎样在中国建设更多的建筑？"

大于100万平米

正值中国的国庆节，全国人民都在欢度"黄金周"，而我正坐在从越南驶往柬埔寨的大巴上。此行需要一天的时间。我的手机收到了一封来自阿姆斯特丹的邮件。

你好，约翰：

《财富》杂志正在评选最有成效的25个建筑实例。本年度的冠军完成了97500平方米建筑的设计工作。我们很想知道这与"我们的设计成果"之间有着怎样的关系。你能给我概述一下每一个项目的建筑面积以及它们的交付年份吗？

诚挚的问候，马尔金

我把我们的"设计成果"与"荷兰最多产的设计"比较。自从来到中国之后，我们已经参与了很多正在进行的或大或小甚至超过一百万平米规模的项目。我想知道我们的"成果"在现实中的意义。

当大巴在越南境内穿梭的时候，我试图整理一下思绪。在中国的五年使我无意识中成为一个拜物教徒，我现在在数量、大小、高度、长度、深度、和体积上与中国同事有一样的兴趣。在阿姆斯特丹欣赏任何一个新项目时，佣金的多少决定建筑师对它的热情程度。在中国，我觉得应该为之再添加一个新的动力因素：规模大小。

在我的想象中，我看见北京的很多建筑，往往都会使用金色的大字来表示："世界上最高的中庭"、"亚洲最长的建筑"或者"中国最大的玻璃幕墙"。在中国，这似乎看起来像是数量决定质量：物体越大或者它的内容越多，它就越重要。

这个理论也同样适用于建筑师的地位问题：建筑师完成的建筑面积越多，在中国的建筑师受到的尊敬就越多。这就是为什么 HY 始终在介绍会的开始提及其建造过大量项目的原因。这样就含蓄地表明了它是一个"强大的公司"，因此客户的"潜在风险"可以降到最低。换句话说，这不像荷兰，参考和建筑本身没有多大关系。

大巴在小村庄和稻田里蜿蜒前行。我想起几年前在纽约的一次聚会，大会把最佳项目奖颁给了最大的项目。

我记起和 IBM 的中国开发商的第一次讨论。开发商提出了他的投资设想：在这儿建几百万平米建筑，在那儿建几百米高的摩天大楼，等等。在数字尚未确定，IBM 的美国人似乎对开发商仅仅通过图片就确定的设计持怀疑态度。我代表 NEXT 作介绍，首先指出要看重项目的"质量"而不是"数量"。美国人一下子就放心了，赞同地点点头。客户的中国员工也冲我笑笑，但是我却不能马上明白其中的意思。

大巴正在穿过稻田。这儿的颜色比北京更加鲜亮。如果"质量"对我们来说真的战胜了"数量"，我心里想我们应该怎样来评估我们自己的"平方"呢？换种方式说，难道建筑体积是一个西方建筑师真正想在中国完成的吗？

我对这个想法持完全否定意见，我回过头来看公共楼梯上的小变革。正是超越了最高数量上的诱惑才有了它可能的附加值。由此来看，小项目可能比任何一个"大项目"都有趣。

我笑着猜想是否 HY 也有同样的结论。我看到面前陈先生的脸庞，以及他谈论起"大项目"时脸上洋溢的兴奋之情。就"工作概念"来说，差异仅仅才刚刚开始。对 HY 来说，"运作的事情"和"没有运作的事情"之间的界线需要根据客户最后的选择测量。换句话说，只有项目开始执行，概念才算是运作。但是，根据这个观点，"运作"的概念远远多于我的期望。

红灯亮了，大巴停了下来，几十个越南商贩纷纷把我们围住。这是一幅很神奇的画面：一个个小型的车窗口能提供旅客需要的各种东西。绿灯亮了。大巴重新启动，再次上路了。

我认为建筑建成后的质量如何？我引以为傲吗？我被自己的问题吓了一跳。在荷兰，这些问题从没有提过，因为它们的答案是肯定的。我认为这仅仅是个正当的问题，因为我用"蓝眼睛观察中国"的经历不断增多。

我记得有一个曾经参观北京公司的建筑学的意大利学生。他自从来到中国后，就一直在拍摄建筑上的细节错误，然后他自豪地给我看他相机里搜集到的图片。

我也想起和一个在上海短途旅游的荷兰建筑师的谈话，他对中国的建筑质量很不满："我要在中国开一家密封式工厂。"

我想起更多关于中国建筑的西方评估。然后我想起很多中国同事对这些评估的回应方式。

其本质上是一个建筑师的责任问题。在荷兰，我把西方对责任的需要和纪律本身联系起来。但是很多中国建筑师对这种需要浑然不知。举个例子，我比 HY 更多地去怀疑概念和细节之间任何可能的不一致。毕竟，客户主宰财务大权，因此他对最终选择的材料、细节和承包商的建设质量负责。

什么时候批判态度变成了投机取巧的态度？这还是一个西方问题，再说，这是一个能够很快得到西方反应的西方问题。批判和投机取巧的界线在于"最大程度地利用形势"，现在变成了接受建筑命运，变成了"屈服于几乎不可避免地对西方人心中的质量一词的侵犯"，难道不是吗？

我又一次想到了陈先生。在我们提前离开关于西单项目的重要会议之后，他突然说只有通过我们才能做出建筑决策，"而不是在我们没有参加的会议上！"更让我惊讶的是，几天后他又补充了一些在过去无法想象的话语："建筑师最重要的任务不是省钱而是创造价值！"我们一起经历了很多，他的观点与几年前的完全相反："建筑师最重要的任务是为客户省钱！"

路边越来越多的货摊表明我们正在接近柬埔寨边境。大巴司机用越南语吆喝了几句，车上的人开始整理自己的行李。

我们已经建成或正在建设的项目——我们的"产品"——因为考虑了中国现实条件而不是在忽视这些条件的情况下对建筑的第一次探索。这个探索需要内部的协同合作，同时承认尽可能多的观点、相同和不同之处带来的附加值也推动了探索。

大巴停下，乘客准备下车。

在海关排队等候的时候，我及时向阿姆斯特丹回复了更新后的中国项目的列表。

当我递上我的护照时，海关官员严肃地看了我一眼。

"职业？"他粗声粗气地问道。

"建筑师！"我自豪地回答。

电影，而不是图片

几周后，美国客户的中国项目讨论会在纽约的一个旧货栈召开，期间我接到一个电话。

"促使你在中国发展的动机是什么？"

一个记者提出了这样的问题，她想在去北京前先做一个初步采访。凝视着哈得孙河，我有了一个可能的答案。在中国积极发展的最初原因不如现在的原因有趣。我也说不准。

中国的同事对"外国建筑事务所"的批评越来越多。他们认为很多来中国的外国人"只是为了赚钱"。他们会在我面前批评外国建筑师，当我说出我的惊讶时，他们会说："你是来中国投资的，跟他们不一样。"

我抛开所有的顾虑，说："你为什么觉得我是在中国投资呢？"

我把他们的答案理解为一种赞美："你在投资，因为你在中国生活了很长时间，你在努力更好地理解中国文化和中国人民。你是我们的朋友！"

如果我正在中国投资，那将会极其有利：我的世界似乎正在突破之前所有的限制。

心里想着这些，我向记者讲起一个不断探索界线的建筑公司的故事。探索的内容包括目前的发展、其他规则以及更具体的项目的环境。探索的发现存在于我们的建筑想要表达的概念中：获得附加值的条件，既美观又实用，既为了使用者也为了周围环境。我们来到中国就是这个研究的直接结果。

几周后，我和那个记者走在北京的一个建筑工地上。当她在费力地避开地上杂乱摆放的脚手架铁管时，出神地看着眼前的正在施工的几百名建筑工，她惊呆了。她立刻问我："你觉得自己对这儿搞建设的工人有多大责任？"

我感觉一场激烈的辩论即将开始。

我告诉她中国估计有 7 亿农民。因为农村没有工作，大约 2 亿农民来到城里。这是人类史上最大规模的人口迁移。很大一部分农民工在工厂打工，也就是在"世界的大工厂"里工作。另一部分农民工在大城市里不计其数的建筑工地上干活。前一部分农民是中国当前经济奇迹的发动机。

因为我觉得她可能知道这些，所以我以问题结尾："你说的'负责'指哪一方面？从建筑师的观点来看指的是什么？"

"比如社会责任。"她回答。

我谈起不久前和一个建筑工人的简短谈话。他骄傲地告诉我他的家乡：他们来自陕西省。他笑着继续说他来北京打工好几年了，他很知足。在他的村里，人们几乎无法温饱。他来北京打工可以保障家人的生活。还有两年他儿子就要"高考"了。

记者等着我继续往下说。

我继续说道：当然，很多东西是来到中国的外国人看不到的，但是像这个陕西的建筑工人一样的人是我看到的现实生活中的一大部分。

这个故事刺激了我，我自动选择继续辩护。

"因此你为失业救济工作感到自豪？"她问。

我首先想到，失业救济工作以什么为代价？

这个问题让我想到之前因"钉子户"问题而陷入的困境。我想到了高先生，他曾经坚持说西方人集体低估了中国人的适应能力，从而坚决地解决了这个困境。我也想到了老庆，当说到钉子户之类的中国主题时，他认为西方人"很无知"。如果我相信他们的话，这就是一个把他们排除在"黄金周"之外的千载难逢的机会。在谈判过程中，这就是最高统治者的交易手段和战略思想。高先生说就是外国的媒体关注也可以为这个目的服务，这让我惊讶不已。

与此同时，周先生完成了对征用可选择模式的研究，获得了博士学位。我对他的发现很好奇，但是他遗憾地说他的研究成果都是用汉语完成的，没打算让外国人看。研究的课题是一个中国的内部问题，主要关于从政治、学术界和市场等多个角度来改善中国现状。故事到此结束了。

很多家庭曾经在我们的建筑工地上居住过。现在几千名建筑工人正在这些工地上工作。这是否意味着不管高先生和老庆怎么评论，我现在能够接受一个西方人仍然无法从根本上接受的事情呢？失业救济工作是一个理由吗？

我回答说："对之前每天靠不到一美元生活的成千上万人来说，这是一份让人摆脱失业的工作。我们的到来给他们以及他们的家庭创造了改变未来的机会。是的，我为这些让人摆脱失业的工作感到自豪，但不仅仅是这些摆脱失业的工作。我很自豪能够使这些改变的机会变得更加确定。"

我顿了顿，继续说："西方人固执地认为，很难预测中国将会发生什么。因此要摆脱透过图画和讲述中国改革的电影的想法来看待中国，这很重要。有时你可以从中看到改变，有时你却看不见，有时差不多看见了，但是又不尽然。"

由于我们的到来，公司至少在一方面得到了良好的改变：中国同事的世界观。他们的世界观已经完全地超越了中国的界线。然后我才意识到我的世界观也已经无法挽回地超出了西方的界线。

我注视着记者。她没有回应，只是问我会不会讲述和另外一个民工的谈话。

返回中国之路

"你愿意就你在中国的经历做一次演讲吗？"见我没有回复邮件，鹿特丹的荷兰建筑协会派人给我打电话。"你们阿姆斯特丹的公司说你不在北京。你很忙吗？！我仍然想知道你是否有兴趣……"

我正和阿姆斯特丹的合伙人之一米歇尔·施莱马赫斯在中国东北部城市沈阳。我们将要"在工地上"待两周，与当地设计协会合作参与一个60万平方的国际展览中心的竞标。我们在那儿待了一周，就面临一个几乎不可能完成的任务。其他公司有四周的时间，而我们在期限截止前两周才接到邀请。因为睡眠不足，我浑身疲惫，因为十分混乱的过程，我感到无能为力，于是我想这次经历可能会带来什么样的新见解。

我的答案是，我当然非常感兴趣。

几周之后，我抵达阿姆斯特丹的斯希普霍尔机场。从通道末端走向斯希普霍尔广场时，我在我的毕业设计项目的工地上驻足了一会。我的思绪把我带到了十年前的毕业过程以及我对开始一个设计的方法的探索。我现在知道，一个设计从寻找空间、创造空间开始。

第二天我前往鹿特丹的荷兰建筑学院。我进入几年前展览"大都市图像"的大厅。我继续往里走，进入礼堂，一些NAI的员工正在里面等我。趁笔记本连接的间隙，我开始环顾安静空荡的大厅。

我的目光停在五年多前在关于中国的会议上我所坐的位置上。我坐在那儿对一个 NEXT 的前同事说："我们必须去中国。"我现在就站在当年主发言人交流关于中国的经历和想法时站立的位置上。

我走出礼堂，打算喝杯咖啡来调整时差。刚踏出礼堂，我想起"世界大都市图像"开幕式演讲后的一刻。卡若·韦伯教授强烈批评我们对环球旅行中的见闻太过惊讶。当时我不知道怎么回应，但是现在，在步行去咖啡厅时，我推论这些年来正是惊讶给了我力量。看和观察不一样。正是这个原因，我认为惊讶是一个优秀美德；它让你更加锐利地观察事物。

礼堂逐渐坐满了人。当有人介绍我时，我再次环视了大厅。一个来代尔夫特深造的优秀的中国女孩，维多利亚，曾经说她会来听我的演讲，但是我在开着一半灯的大厅里没有找到她。

如潮般的掌声响起，我开始了我的演讲。我放映的第一张幻灯片是一个中国的建筑工地。我和贾小姐站在混乱的建筑工地当中。我们正在和承包商的项目经理交谈。"这就是我过去五年的生活，"我的演讲由此开始，"我试图在这个世界中寻找结构和方向。我试图在这个世界中寻找和实现共同理解。"

接下来的幻灯片中有一张 HY 的集体员工照片。照片中将近有 200 人。即便在宽大的投影屏幕上，照片上的脸庞依然很小，无法清晰可辨。但是我能认出他们；每一张脸都有一个故事，也是我在中国不断寻找的不停的对话中的一部分。

我把激光笔指向集体照，圈出陈先生。我说陈先生明确了我的"第一个中国"——我第一个阐释的开端。然后我又圈出高先生，笑着谈起他对中国文化无法撼动的自豪感。接着我又说起蒋先生，我认为他体现了无论机会看起来有多小，在中国一切皆有可能的思想。

接下来我快速地讲述了我们在中国的项目。它是一次所谓的"中国"的经历之旅，一次充满风险和不确定的旅程，也是一次充满机会和雄心抱负的旅程。

四十分钟后，我的演讲结束，我让观众就他们持有的问题向我提问。观众向我提出了很多问题，特别是一些表达惊讶之情的问题。我没想到观众会

施工现场

问这种问题，这种情况不禁让我回到了八年前，那时我正在北京的清华大学作关于"大都市图像"的演讲。我在那儿收到的问题使我意识到我完全误解了我的观众，它们使我以一种完全不同于自我的视角来了解世界。现在让我无法回答的问题也有相似的作用，不同的是"完全不同的世界"就是五年前我的世界。

我的现实似乎被一分为二了，我突然意识到我完全沉浸在另外一个世界里。

几天后，在斯希普霍尔机场，我还是不能摆脱这种感觉。我迅速瞥了我的毕业设计地点一眼，我消失在未知的航空天际里，回到了中国。

理性与非理性

回到中国后，我的世界驶上了高速公路。我们在全中国的范围内获得了一些新项目，例如海南、四川、福建、河北、河南和内蒙古等地方的项目。那时我有种感觉，我似乎一直都在飞机上，飞赴一个个新项目会议和方案介绍会。

成功与失望以极快的速度交替更迭。

举个例子，我曾经接到一个电话是关于"西单"项目的。这个新客户在该项目上已经与一家美国公司合作近一年的时间了。设计方案要向地方当局陈述，我作为"外籍专家"被邀请参加会议。这是一次很重要的方案陈述；实体模型已经在外面放好了。

会议室的气氛令人激动。陈先生把客户的设计建议翻译给中-美建筑师，作为项目的陈述者，他说："首先，必须始终考虑到政府领导人的回应。第二，任何时候都要让他满意。第三，如果你发现他对你说的不感兴趣，那就及时改变话题。"我不禁哈哈大笑起来，耐心地等待着。

方案的设计过程是介绍会的主题。客户想将几十个方案聚在一起。紧接着是我在中国听到的最严厉的谴责："政府领导认为设计非常难看！"这就意味着之前所有的设计都被否定了，一年的设计工作全部化为乌有。谁来界定什么是建筑中的"灰尘和蚊子"似乎一下子就明了了：这种依赖于政府的特权很大程度上要比普通客户更甚。

"机会是什么"，这个问题一直在我脑海里萦绕。一小会儿过后，我被问及是否有可能在未来一周内做出三个新方案。一周之后我们向政府部门陈述了四个方案设计：其中有三个新方案和一个风险最高的方案，即我们几年前最初的原始方案。这个最初的方案被毫不犹豫地选中了。"我们要耐心地等待。"陈先生一年前曾经这样说过。现在我们的这种耐心终于得到了回报。

但是喜悦感很快就被全然不同的感觉取代。

我们马不停蹄地忙着做石家庄（位于北京西南方的大都市）的一个40万平方的项目。第一次汇报时，客户把我们送到一个至今让人印象深刻的地方，这显而易见是个贴着政府标签的建筑。当我们进去时被告知"事有变动"：我将向石家庄市规划局的领导汇报方案。

我们被带进一个很大的会议室，专家们以及客户的总经理已经就座。

A0的效果图板已经靠墙放置好了，当所有人都就座之后，一位相貌高贵的女士走了进来。她就是城市规划局局长。总经理要求我们开始陈述方案。主管该项目的甲方负责人在方案汇报进行到一半的时候也进入了房间。我忽然陷入了窘境：这一方面说明本次方案陈述非常重要，另一方面也说明我没有掌握客户的喜好和议程。

我做完汇报后，他向规划局局长征求意见。

"这座大厦建成后多高？"她问。

"一百米高。"我用汉语回答。

"一百米高。"她边重复这句话，边仔细地研究着效果图。之后她看着客户说："我们有太多100米高的建筑了，为什么这座大厦不能再高一些呢？建筑的地理位置非常好，这个项目不能变得非常非常特别吗？"

我注意到此时我突然在椅子上坐得笔直。"非常非常特别"这个声音在我脑海里回响。

一周之后，我又一次向客户陈述了新的方案。

回到北京，事实证明那家公司没有相中我们并且不尊重我们的成果。我们收到一封意料之外的电子邮件，邮件中提及的主要是关于一个我们一无所知的项目，据称是一个"新"项目。让人诧异的是我们的新设计——客户预

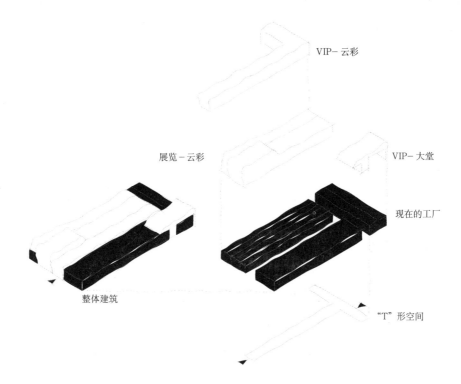

VIP-云彩

展览-云彩

VIP-大堂

现在的工厂

整体建筑

"T"形空间

想中的设计——也当作附件一起发给了我们。客户公司的工作人员错误地把本应该发给另外一家建筑设计公司的邮件发给了我们。

我总结：这就是在中国。正如一个中国同事描述自己的经历一样，这是中国"黑暗的一面"。我的回应是，我对这件事情没有什么好说的。

几周之后，我便很确信："在中国，如果你发现了机会，一定要抓住！"

我和陈先生正在讨论一个位于北京朝阳区的建筑面积达 17000 平方米的城市规划馆的方案设计。陈先生正重新考虑我刚才引用的他的那句观点。因为我们的竞争对手在这个类型设计上有太多经验，HY 对是否要参加竞赛犹豫不决。但这是一个梦想中的项目：三个坐落在北京最大公园的老厂房将要改造成为一个博物馆和一个剧场。HY 被说服了，而我们的基本设计意图就是尽可能多地保留历史：细部、材料甚至是文化大革命时期涂写在墙上的标语口号。我们把厂房之间的空间作为中央入口区域。这个"T 型"空间被打造成为一个功能不定性的区域，可以供临时布展或者举行宴会时使用。两条独立的流线，一条是 VIP 专用流线，一条是普通游览路线，同时保证了使用的最大灵活性。

设计过程中最重要的部分是用来包裹厂房的外表皮的设计。我倾向于在原厂房顶部设计起伏的屋顶。较为正式的建筑语言与旧的厂房形成鲜明对比，强化了新与老、过去与未来的概念，这个概念也将成为城市规划馆令人关注的主题。

HY 直接提出了"祥云概念"的建议。陈先生提到了周朝，并说云彩在中国有很多积极意义。举例说来，它们代表天堂、幸福和"财源滚滚"。我笑着回应："荷兰的概念都是关于条件，中国的概念则是关于形式。"还没等他回答，我继续说："我们来做一个祥云建筑吧！"

第一次的方案是向地方政府汇报的，一周之后，我们向国家级的专家汇报方案。一位评审团的评委面对我用流利的英语提问："你创造的这些外形只是为了引人注意吗？"他的第二个问题更加犀利："如果不是，那些形状有什么意义吗？"我解释这是新与旧之间的对话。然后，我提及有着积极意义的"祥云"的设计概念。我指出我们的设计方案是基于这两个前提的协调统一。

然后这个评委用汉语向评委会和在场人员复述了一遍他的问题以及我的回答。出乎我意料的是他总结说："这位建筑师是正确的。"

一小时之后，所有的建筑设计公司都已经陈述了他们的设计方案，我们回到会议室。全体评委一致选择了我们的方案，要求我们 9 个月内完成这个项目。当然，9 个月之后，城市规划馆喜庆地开业了。

在荷兰建筑学院讲座之后的感受要追溯到一年多以前。

那么自从我又回到中国后，发生了什么呢？

我已经彻底地屈服了。自发和出于信念，我已经弱化了我原本对于"好"与"坏"的理解。我现在可以自由地把理性的想法与非理性的设计决定结合到一起。

虽然这听起来可能有些反常，但在中国这块充满矛盾的土地上，这给了我比以往任何时候都要稳固的基础。

老庆说得对："你改变不了中国，中国改变你。"

后　记

Epilogue

阿姆斯特丹 NEXT 建筑师事务所，2010 年

"你察觉到危险了吗？"

我并没有真正思考过这个问题，便答道："什么意思？危险？"

"书籍这个媒介无法紧跟时代步伐，你的许多研究成果很可能已经过时了。"

施莱马赫斯抿了一小口红酒。我们正在埃因霍温 2010 年荷兰设计大奖的颁奖典礼上。NEXT 事务所的两部作品被提名了，包括"论坛式楼梯"这个项目。它引人注目的一点是在一个远离荷兰的环境做出的项目被评定为"荷兰优秀设计"，这与项目本身一样奇怪。

"时间有时会凝固，因此当然有很多是过时的，"我回答，"但为什么这就是危险呢？我没有提出任何真理，如果有的话，我可能也已经弱化了它们。"

随着这本书变得更加有形具体，NEXT 的成员开始以自己特殊的方式作出回应。在此之下，我们共同的中国经验自身呈现出了新的活力。

施莱马赫斯希望能够"应对短暂的危机"；劳索看来正在简略地寻找"在西方关于现代化的观点之上的一个可能的新型建筑学"；施汉克正在寻找"更多信息，甚至更多的层面来说明中国思维和西方思维的交流沟通"。

与此同时，我认为这本书对我们在中国五年的经历描绘了一幅和谐的图画。我正在忙着编织我们的未来，而不是沉浸在过去。

蒋晓飞与约翰·范德沃特

HY，2009 年

"下一步计划标志着 NEXT 和 HY 的进一步合作。"胡女士目不转睛地看着我，等待着我的回应。

"还是相对独立比较好吧？"我笑着回答。我用这种方式礼貌地拒绝了她的提议，同时也为继续对话留有余地。

城市规划馆项目完成后不久，NEXT 面临着生存的困境。从中国人的观点来看，HY 和 NEXT 之间的合作非常有成效，HY 都决定兼并 NEXT 了。这个"下一步"是谋取更大发展的一部分，而 HY——目前已被一家美国建筑公司兼并——已跻身为"世界十大商业建筑事务所"。胡女士只看到了利处：未来在中国搞建筑的机会将会史无前例地多。而我从另一个方面看则更多地意识到因不同的理想所带来的不可逾越的差异。

"相对独立？"她笑着重复着我的提议。我回答得很肯定。然后我意识到此刻北京的 NEXT 正在有意地寻求完全自由。我离开了胡女士的办公室，怀着些许压抑却满满的兴奋踏上了一切皆有可能的未来之路。不久，我们搬进了 NEXT 自己的办公室。连同一个新的开始，这也成为我们所追求的更有选择性的与 HY 合作的第一步。

NEXT 建筑师事务所（北京），2009 年

"自主是'发展'的氧气。"我坚定地说。蒋先生赞同地看着我说："让我们再一次与陈先生共同举杯，为我们的新合同干杯！"我们为这第一份独立签订的合同庆祝着。

"NEXT 北京"前进的动力是探求如何在中国建设。出于这个目的，蒋先生以中国合伙人的身份加入了我们，从而增加了一个新的、很重要的组成部分。除了中国大好的现实状况，这毫无疑问会在我们能够到达的业务范畴内带来更多可能的答案。"NEXT 北京"相信中国可以建设得更好。

怎样和更好是北京的 NEXT 和阿姆斯特丹的 NEXT 在众多的动力中依然共有的两个动力。从这两个目的出发，北京的 NEXT 既与阿姆斯特丹的 NEXT 并列发展，也独立发展。

中国和荷兰的动力不同，这看起来是矛盾的发展问题。简而言之，当我从阿姆斯特丹来到中国，很多在荷兰正在开发的项目现在，也就是八年之后，正在建设。在中国，我们做的第一批建筑项目（水石销售中心，第一个室内设计）已经拆毁。其他项目（五座大楼项目、工厂基础上的办公楼、ABB 的展示中心，还有"西单 110"）也经历了大规模的修改。荷兰和中国动力上的不同不仅导致了设计需要的根本不同，也造成了本质不同的设计。

本书重点介绍的项目需要从这个角度理解。它们都是北京的 NEXT 在起初的五年发展过程中的重点项目，体现了我们在中国工作和思考的极端架构。就继续发展来说，同时很多新项目已经建成，几十个新项目正处于将要施工

阶段，还有更多项目正处于准备阶段。

它们的共同之处就是它们毫无例外地都是源自中国、建在中国的项目。随便借用一下孔子思想：学习的固有过程，再学习和一起学习塑造了而且正在塑造着 NEXT。每一个可能的结果都是我们整体特性的一部分。

在过去的几年间，其他人都如何了呢？三年在中国算是一段很长的时间了：

周先生现在是一名清华大学的教授。

陈先生在北京开设了自己的建筑事务所。

岑先生也成立了自己的公司。

高先生成为一家大型中国建筑公司的副总经理。

袁夫人，维多利亚，已从代尔夫特毕业，现在为北京的一家中国建筑公司工作。

洪先生现就职于一家建筑管理公司。

贾女士在一家展览设计公司担任商务发展经理。

王女士已从迪拜回国，目前正准备移民加拿大。

秦女士成为北京的一家大型连锁酒店总经理的私人助理。

王小姐在澳大利亚珀斯居住，并在那里当汉语老师。

老庆继续着他在中方和西方差异之间的不懈追求。

那么我呢？我仍然在通往前方世界的路上。

你不能拔苗助长

    2011 年汉斯·特尔兹的书评：约翰·范德沃特在现有的中国文献中添加的内容是一种来自中国内部的观点，而这种观念不仅仅只是简单地出于一个游人的身份记载下来的，而且是作为一次中西方在建筑、文化以及社会价值观方面的对话而记载下来的。正如约翰自己总结的那样，这个对话很明显地包含了所有的冒险和轶事，也因此成就了一本激动人心的书籍。

    2011 年阿姆斯特丹的一个书籍发行商："约翰，你写了一本非常有趣的书，但是当我看完时，我只能说它颠覆了我对中国建筑的认知。"约翰："我能否问一下，你的结论是对于你自己而言，还是对于中国的一切而言？"

    2011 年 11 月，在阿姆斯特丹推出了这本书的荷文版。2012 年 2 月推出了英文版。因此，这两版书籍都缺少了 NEXT 建筑师在 2008 年 11 月到 2012 年的发展状况。发生了什么事呢？

    我相信 NEXT 在中国的领域变得越来越小的同时也越来越大。意义上的越来越小在于我们现在有幸可以为数十个中国城市设计项目。纵观中国，我们很自豪地参与了中国的项目创建。

    但是可以说更有趣的是，项目类型日益多样化。明知道从事从摩天大楼到高端文化建筑领域的各种项目对于一个建筑公司来说只是一个梦想，对于从事类似于筒子楼建筑的万科集团正对一线城市的年轻人设计的 15 平米的

"蚁族"公寓这样的社会项目也是如此。同时对于从海南到山东再到新疆的五星级酒店，从路易·威登、古奇到拉斐特的中国旗舰店的高端零售也是如此。但是这也同样适用于从 IBM 到中国银行的可持续性的写字楼建筑。这是一个建筑梦想，而建筑不是建造在最后一个地方，因为这些项目无疑都是坐落于最美的地方和城市中心的最主要的位置上。

当我们逐渐能够制定独立的建筑项目的议程时，这对于 NEXT 事务所来说中国似乎变得更大了。这些都是短期和长期的研究项目和洞穿自我。这些研究项目的其中一个就是我们所谓的"跨文化设计"观念的发展。通过荷兰和中国的文化价值观的结合，我们不是以"出口"西方设计为目的，而是从西方概念和背景与中国观念和价值观的基础上出发，创造适合于中国的设计。我认为这种文化的混合使我们的建筑既不是纯粹的西方化，也不是纯粹的中国化。它是两种文化之间的一种平衡或者交流，而这可能会为中国创造一些新的东西。

由于这个"较小和较大的世界"，我们逐渐能够为中国设计更好的建筑。而且正是这个"较小和较大的世界"，我们决定继续发展"微型观念"。它使我们从静态的西方理念或者中国观点中解放出来，也使我们从不同的角度，更加浪漫化地发展设计。为了阐述这一观点，引用了 2012 年《movingcities》中访谈伯德·慕因克中的一个片段：

> 伯德：约翰，首先，你的书是一本神奇的书……这本书是两种基本设计参数的发现和反思，而这个与中国的建筑设计的限制规范有关。一种是设计标高，另外一种是建筑形式：建筑能够产生形式、体积以及高度等方面的改变的方式，即使是已经建造好了的建筑基础。（20 世纪 80 年代库哈斯的思维方式可能是所谓的不稳定的方案。）但是你在书中所描述的内容已经超越了这个，因为它也同样包含了客户的不稳定性以及正规设计的不稳定性……告诉我更多关于这个发现的内容和它是如何指导你的工作的？
>
> 约翰：很多年前，我也许会同样引用库哈斯的话，但是现在我更加

喜欢称之为灵活性，或者设计能力的随意性变化。这一概念的灵活性是有趣的，特别是如果你将中西方观念做一比较。西方建筑师趋向于认为他们能够灵活地进行建筑设计。但是我相信通过能够适应如此变化的设计，中国建筑师能够创造出更为灵活的设计。西方"灵活性的建筑设计"似乎在中国很不灵活，因为西方设计过程完全是不灵活的，是理性和线性的。这解释了为什么西方建筑师对于改变有一种严重的抵触情绪，因为在他们的设计想法中，设计过程变得混乱和非理性化。而矛盾的是，抵制变化就是抵制中国价值观。如今我们公司倾向于更多地从中国价值观出发来进行设计。为了将中国价值观转化为建筑：如何创建坚固的建筑设计，以便能够在不丧失其固有的建筑质量的前提下与设计变更相适应？或者更加有趣的是：如何在遇到需要变更设计的情况下，创建高质量的建筑设计？

桑德·沃尔特曼在 2011 年的荷兰顶级建筑杂志《De Architect》中描述过这些项目的成果。

桑德：我一口气就把这本书阅读完了……NEXT 建筑师事务所成功地将中国模式概念与荷兰概念结合起来。而这产生了一个非常具体的建筑架构……为了创建这个建筑架构，约翰服从于中国人的期望和要求，而不是他自己的抱负。"

随着越来越多的人阅读这本书，NEXT 建筑师事务所在中国的发展状况出现了一些有趣的问题。正如 2012 年特吉斯·范顿鲍曼在《欧洲顶级建筑和规划》杂志中表达的期望那样：

特吉斯：一本关于中国方面的很好的书籍……约翰成功地将自己从教条中解放出来，逐渐学会用心思考……我们不得不在欧洲等待他在中国学到经验——这对于我们来说是个遗憾。

在欧洲，我们正在缓慢地运用"中国课堂"中的知识。我们正在采用起初我们在中国发展的建筑策略来进行建筑设计。从这种情况下可以看出，中国项目正在影响着欧洲项目，正如欧洲项目也在影响着中国项目一样。

将图片缩小化，然后看着那个大型图片，而这加深了我的关于文化从不是单方面影响而且也不应该以单方面的文化影响为目标的看法。所以，从一个西方人的角度来看，仅仅通过一个西方镜片来看待中国的时代发展最终还是过时了，即使是尽可能地关注中国的发展。仅仅想象一下如果在欧洲，"客观事实"的西方概念将会软化，那么在文化交流中可能会发生什么事。我们可以超越（建筑）偏见，最终选择性地放弃强调（中国的）一般化。

这个结论摘自于杰姆斯·帕利斯特在 2012 年著名的英国《建筑师》杂志中的一次书籍审查。

> 杰姆斯："我强烈推荐这本书……不是中国更加类似于西方，而是西方将要更加地类似于中国！这与约翰八年中国工作经验的积累相呼应……

然而，欧洲建筑师"基因需要产生影响"的想法持续出现于访谈节目中，譬如来自于美国纽约设计师协会的权威斯蒂夫·考特的访谈。

> 斯蒂夫："总之，这是一本非常好的书。……但是我很好奇，你将会如何解释是什么东西使中国不受外部因素的影响而发生改变？"
>
> 约翰：……我相信作为世界历史上现存最古老文明中的一员，即使遭受了西方侵略、劫掠和羞辱的近一百年的不幸命运，它仍是一个拥有五千多年文化骄傲的国家。

另外一个不断重复的问题是："为什么我改变不了中国？"原因难道是"因为长时间待在中国，我已经失去了批判中国的能力？"这个问题有很多答案。我认为前外交官劳特·范斯莱克做出的总结最出色，他曾经于 1999 年邀请我们共聚晚餐。

    劳特："……我喜欢这本书的书名：你改变不了中国，中国改变你：它展示了一种在面对一个伟大而古老的文化时的健康的谦虚的态度……"

对一些人来说，这种"谦虚"态度与我的荷兰建筑师的身份相矛盾，譬如 2012 年在阿姆斯特丹的演讲结束后一些观众所提及的那样。

    提问者：……你获得了很多成就，但是为什么你变得如此非荷兰化？正如你所了解的，荷兰通常不谦虚，为什么你对于你的成就是如此地谦卑？

    约翰：……如果真是这样的话，那么我用一件轶事来回答这个问题。在 2004 年飞往北京的航班上，在我面前的小显示屏上显示着一张地图上的飞机的降落地点。我迷上了这座叫洛阳的城市，仅仅是因为我从前从未听说过这个城市。事实上，我很好奇在欧洲有谁听说过这个城市。我查看了一下我的旅游指导手册，发现在唐朝时期，有一百多万人居住在洛阳。相比之下，大约在 700 年，欧洲耗费了二百年达到中世纪。回想一下，在飞机上的这一时刻可能是对于中国浓厚文化历史的第一个发现。而这个发现引出了一个问题：作为一个荷兰建筑师我甚至不知道其丰富的历史，这样我该怎么办？不管是那时候还是现在，我认为没有一种态度比谦卑更值得推崇。

然后来自世界各地的建筑师提出了很多的问题，关于"如何进入中国市场"，我的答案仍然和在与日本《A+U》杂志（2012 年）的一次访谈中的回答一样。

    《A+U》杂志：由于西方经济（和建筑）危机，甚至更多的西方建

本书英文版推介会（阿姆斯特丹现场）

筑师已经做过这种尝试，就像你很多年前做的一样。现在是否还需求更多的西方建筑师？这是不是一个很有意义的祝福？

约翰：……一种情况下的不同观点可能只是丰富了见解和解决方法。在我看来，这是一个很有意义的祝福。中国市场同样也是"巨大的"。所以这里还有"甚至更多的西方建筑师"的空间。但是对于中国，我希望西方建筑师们能够携带着某些形式上的承诺来到中国。希望他们将来能够进行长时间的智力投资，以便能够从下而上、由里及表地为中国创建建筑……"

最后，它都是以更多的交流和相互理解为开端。这就是我为什么对于这本书的中文版如此骄傲的原因。更多的交流和相互理解正是我所期望的有助于未来缓慢发展的因素，因为你不能拔苗助长。

在2012年荷兰国家电视台的一个小时黄金时段的佩查·波赛尔的访问中：

佩查：你认为 NEXT 事务所的建筑师是前所未有的。其他荷兰建筑公司没有在中国建造过如此多的建筑。其他的荷兰建筑师没有在如此年轻的年纪写过如此一本巨著。NEXT 建筑事务所作为中国国内荷兰公司的一员，你认为你的作品是一个建筑论述吗？

约翰：这不是一个论述，这是一个道德积累的表现。原因很简单：不是我们的建筑师发现和赏识设计，而是中国发现和赏识设计。考虑到 NEXT 建筑师可能已经实现或者正在实现的成就，我们必须感谢中国以及中国人的信任。而且我感觉我们在维持这种相互信任方面上有一种很大的责任感。

鸣　谢
Acknowledgements

　　本书是对 NEXT 建筑师事务所初到中国经历的思考。在这块我们开发的沃土上，有着如此多的会议和事件。我希望可以向为此做出贡献的人表达我的感谢。有许多人，我要提及他们的名字以示谢意。

　　我要向这些与建筑学没有直接关系的人致谢：首先是 Patricia，你是我在中国发展的基石，中国也是我们共同的基础之一。其次是我的父母，我要感谢他们对我不间断的信任和支持。Beppie Langerak，你还记得二十多年前你建议我学习建筑学一事吗？JJ，我知道"感激"一词是不恰当的，但是我仍然谢谢你一直以来突破传统的展望。前荷兰大使馆文化和出版部主管——劳特·范斯莱克，谢谢你在 1999 年组织那次晚宴，从此全中国的建筑学经验有史可寻。老庆，感谢你不断向我展示中国的富裕。

　　感谢建筑领域内的人：我要尤其感谢阿姆斯特丹 NEXT 的合伙人：马林·施汉克、巴特·劳索、米歇尔·施莱马赫斯。坦率地说，没有你们在阿姆斯特丹的工作，就没有中国的 NEXT。感谢中国的合伙人蒋晓飞：感谢你敏捷的思维以及我们不一致的观点所产生的附加值。我要感谢北京的 NEXT 的同事：Wopke Tjipke Schaafstal、王博、宛华、余鹏、陈龙飞、孙一萌、卢芳、尹亚玲、蒋慈爱、魏奇峰、李鑫、刘丰琴、吴业隆、李英杰、王浩、任婉婷等。

　　周先生，非常感谢你发来的关于奥运会竞争项目的第一封邮件。我还应给你更多的感谢，因为它产生了你没有预料到的影响。胡戎，我们凭直觉巧遇。感谢你的信任，我们这几年的合作因此变得丰富多彩。还要谢谢你，杨宏伟，你教会我中国生活的很多方面，其中最重要的是中国实用主义的好处。

设计作品一览

陈松——我不知道从哪里开始表达我的感谢，因此感谢你做的一切。

我向 HY 的（前）同事深表感谢：袁朵、贾元、张慧、秦琴、胡琴、王璇、童林芳、郭植芳、宋文宇、王玲芳、王博、李桂凤、杨斌、度晶晶、姚鹏、新红、杨忠辉、王磊、王选、凌朗、甄朝英、马琴、蔡鑫、李佳、苏越、吴云、张玉华、陆明、姜楠、莫立生、叶伟、石漠、王远、薛红蕾、姚静荣、洪峰、杨宝利、亓更、于强、谢波、王云和张正。

我欠你们一个人情，我在中国的朋友们：Bob de Graaf、Michel van Tilborg、Thijs Klinkhamer、Laz Çilinger、Eric Lekahn、Bauke Albada、Henk Schulte Nordholt、Frenk van Eeden、ThijsCox、RuudvanWinden、BeHTreffers、Martijn Schilte、 Willem van de Nes、Daan Roggeveen、anouchka van Drier Victor Leung、夏元和徐安。

我要感谢对我的工作不断批评指正的人，正是你们才有了这本书：Peter de Winter、Anne Hoogewoning，最后是 Piet Vollaard。

谢谢大家！

约翰·范德沃特，2013 年 2 月于北京

图书在版编目(CIP)数据

　　你改变不了中国,中国改变你:一个荷兰建筑师的中国工作手记/(荷)范德沃特著;蒋晓飞译. —济南:山东画报出版社,2013.6
　　ISBN 978-7-5474-0942-8

　　Ⅰ. ①你… Ⅱ. ①范… ②蒋… Ⅲ.①建筑设计 Ⅳ. ①TU2

中国版本图书馆CIP数据核字 (2013) 第051680号

©2012 Uitgeverij 010 Publishers,the Netherlands,www.010.nl

山东省版权局著作权登记章图字 15-2012-079

责任编辑　董明庆　阙　焱
装帧设计　宋晓明
主管部门　山东出版传媒股份有限公司
出版发行　山东画报出版社
　　　　社　　址　济南市经九路胜利大街39号　邮编 250001
　　　　电　　话　总编室 (0531) 82098470
　　　　　　　　　市场部 (0531) 82098479　82098476 (传真)
　　　　网　　址　http://www.hbcbs.com.cn
　　　　电子信箱　hbcb@sdpress.com.cn
印　　刷　山东临沂新华印刷物流集团
规　　格　160毫米×230毫米
　　　　　22印张　167幅图　185千字
版　　次　2013年6月第1版
印　　次　2013年6月第1次印刷
定　　价　43.00元